연습하지
않고 된 부모,
그래도
답은 있다

연습하지 않고 된 부모, 그래도 답은 있다

발행일	2020년 8월 7일

지은이	안봉현		
펴낸이	손형국		
펴낸곳	(주)북랩		
편집인	선일영	편집	윤성아, 최승헌, 최예은, 이예지
디자인	이현수, 김민하, 한수희, 김윤주, 허지혜	제작	박기성, 황동현, 구성우, 권태련
마케팅	김회란, 박진관, 장은별		
출판등록	2004. 12. 1(제2012-000051호)		
주소	서울특별시 금천구 가산디지털 1로 168, 우림라이온스밸리 B동 B113~114호, C동 B101호		
홈페이지	www.book.co.kr		
전화번호	(02)2026-5777	팩스	(02)2026-5747

ISBN	979-11-6539-338-0 03590 (종이책)	979-11-6539-339-7 05590 (전자책)

이 도서의 국립중앙도서관 출판예정도서목록(CIP)은 서지정보유통지원시스템 홈페이지(http://seoji.nl.go.kr)와
국가자료공동목록시스템(http://www.nl.go.kr/kolisnet)에서 이용하실 수 있습니다.
(CIP제어번호: CIP2020032248)

지혜로운 자식 교육을 위한
아주 특별한 제안서

연습하지 않고 된 부모, 그래도 답은 있다

안봉현 지음

말 한마디로 자녀와의 관계를 개선하는 칭찬의 기술 40

북랩 book Lab

영원한 선비, 안봉현 교장 선생님

아주 위대한 랍비가 두 사람의 시찰관을 북쪽 고장에 파견했다. 시찰관이 그 도시를 지키고 있는 사람과 만나 지역 현황을 알아보고 싶다고 하자, 그 북쪽 도시에서는 치안을 담당하는 경찰서장이 나왔다.

시찰관은 "아니오. 우리는 마을을 지키는 사람과 만나고 싶은 것뿐입니다."라고 말했다. 그러자 이번에는 마을을 지키는 수비대장이 찾아왔다. 파견된 두 랍비는 다시 말했다.

"우리들이 만나고 싶은 것은 경찰서장이나 수비대장이 아니오. 그분은 학교 교사입니다. 경찰관이나 군인은 마을을 파괴하지만, 진정 도시를 지키는 분은 교사입니다."

탈무드에 나오는 교육에 관한 이야기다. 유대인들은 나라를 지키는 요소 가운데 교육을 가장 먼저 내세우고, 선생님을 가장 귀한 존재로 여기고 있음을 보여 준다. 유대인들은 교사가 곁에 있어야 사람의 생각을 바꿀 수 있고, 사람이 사람답게 성장할 수 있다고 생각했다. 이는 개인은 물론 도시와 나라를 지키는 존재로서 선생님을 으뜸으로 여기고 있음을 보여 준다.

우리 주변에도 많은 선생님이 있다. 선생님들의 대부분은 학교 안에서 아이들에게 소중한 가르침을 실천하고 계신다. 간혹 학교 밖에서 선생님으로서 존재 가치를 드높이는 분들을 보기도 한다. 그런데 여유와 용기, 지혜로움으로 학교 안팎에서 지도력을 발휘하시는 인물을 접하기는 쉽지 않다. 이런 분을 알게 되고 가까이할 수 있게 되면 그건 행운이고 영광이다. 나의 성장에 직접적인 영향을 미치는 멘토를 만나는 것과 같기 때문이다. 나에게 그분은 바로 안봉현 교장 선생님이시다.

어떤 조직이든 지도자는 예기치 못한 위기 상황을 종종 겪는다. 모든 지도자가 슬기롭게 위기에서 벗어나 정상으로 돌리려 애쓴다. 하지만 지도자의 성향이나 자질에 따라 문제 해결 방법이 다르고 그 결과는 확연히 달리 나타난다. 어떤 지도자는 모두가 도저히 가망이 없다고 하는 문제를 아주 쉽게 해결하기도 한다. 반면에 쉽게 끝낼 수 있는 일도 잘못 개입하여 도리어 상황을 걷잡을 수 없을 정도로 악화시키는 지도자의 사례도 종종 보곤 한다. 때로는 본의는 아니었어도 없던 문제를 만들어 내는 지도자를 만나기도 한다.

안봉현 교장 선생님은 그냥 교장 선생님이 아니다. '해결사 교장 선생님'이시다. 근무하시던 곳마다 언제나 '해결사'라고 불러야 할 정도로 문제를 원만하고 완벽하게 잘 처리하신 인물이다. 교장 선생님께서는 골치 아픈 문제들 때문에 대부분이 가고 싶어 하지 않는 학교에 자원했던 것으로 기억한다. 특별한 문제가 없는 일반적인 학교에서의 근무는 별로 재미가 없다고 여겼을지도 모르겠다.

나는 해결사 교장 선생님의 활약상을 곁에서 생생하게 목격하신 분들이 마냥 부럽다. 함께 근무한 적이 없기 때문에 교장 선생님과의 행복한 에피소드를 많이 간직하지 못한 것이 늘 아쉽다. 그래도 교육 전문직을 같은 시기에 수행했기에 그 시절 어쩌다 뵐 기회가 있었고, 수영초등학교에 교장 선생님으로 계실 때 이웃인 수미초등학교 교장으로 근무했던 덕분에 학교경영협의회를 이끌어 가시는 모습을 보았던 것을 다행으로 여길 수밖에 없다.

장학 지구 교장 선생님들의 모임인 학교경영협의회를 할 때면 언제나 설레는 마음으로 달려갔다. 안봉현 교장 선생님을 만나기 때문이다. 교장 선생님을 만날 때면 모두가 즐겁다. 언제나 그냥 그대로 평범하고 단순하게 말하지 않으셨다. 품격이 있는 유머를 섞어 표현하셨다. 단순 저질적인 것이 아니라 음미하면 깊은 맛이 나는 고단수의 표현들을 쏟아냈다. 덕분에 늘 웃음이 끊이질 않았다. 그리고 교장 선생님은 매달 만날 때마다 새로운 아이디어로 모임을 주도하셨다. 추진력 또한 대단하서 색다른 체험 등 아이디어를 바로 실행에 옮겼고, 그 덕에 다들 만족해했으며 행복을 함께 느끼고 채울 수 있었다. 당시 장면들을 떠올릴 때면 언제나 가슴 뭉클함이 생생하게 되살아난다.

안봉현 교장 선생님께서는 훌륭한 선비이시다. 우리는 흔히 선비를 말할 때 '신언서판(身言書判)'을 따지며 살펴본다. 원래 중국 당나라 때 관리를 등용하는 네 가지 기준이었다고 하는데, 세월이 변했어도 지도자급 인물을 가리는 잣대로 여전히 회자되고 있는 덕목이다.

외모가 단정하고 중후하며, 언변이 정확하고 해박하며, 학식과 문장 수준이 높고, 상황 판단이 바르고 명확하다면 참으로 훌륭한 사람이라고 말한다. 모름지기 지도자로서 연마해야 할 가장 중요한 것이 훌륭한 '신언서판'의 인격과 덕목을 갖추는 것이다. 이 '신언서판' 중 어느 한 가지도 부족함 없이 갖춘 분이 안봉현 교장 선생님이라 감히 공언한다.

안봉현 교장 선생님께서는 지금까지 늘 해답이 없어 보이는 일을 찾아 바쁘게 도전했다. 그 모든 일을 여유롭고 치밀하며 과단성 있게 추진하고 말끔하게 처리해 내는 즐거움으로 교단생활을 보내셨다고 생각한다. '신언서판'을 갖춘 영원한 선비이신 교장 선생님의 새로운 삶은 어떻게 그려질지 무척 궁금하다. 새로운 길을 향하며 자녀 교육에 대한 지혜로운 메시지를 담은 책을 출판한다는 소식은 놀랍기도 하지만 신선하고 당연하게 다가온다.

『연습하지 않고 된 부모, 그래도 답은 있다』는 '자식을 어떻게 성장시켜야 할 것인가?'라는 물음에 대한 명쾌한 해답을 제시하는 아주 특별한 제안서이자, 학부모들이 곁에 두고 되새겨야 할 부모 성장 교과서라 할 만하다. 부디 이 책을 통해 멋진 부모로 거듭나기를 기대한다.

금정초등학교 교장/전 부산교원단체총연합회 회장
박종필

책을 펴내며

교직에 첫발을 디디면서 교사인 저의 말 한마디, 표정 하나에 아이들이 어쩌면 그리도 정교한 기계처럼 민감하게 반응하는지 정말 깜짝 놀랐습니다. 그때부터 이러한 느낌을 책으로 잘 정리하여 자녀 교육 때문에 고민하거나 부모로서 자식을 어떻게 대해야 하는지 혼란스러워하는 분들께 작은 도움이라도 드려야겠다는 생각을 하게 되었습니다. 이후 40년이 훌쩍 지나서야 시도하게 되어 때늦은 감이 없지 않으나, 그래도 "늦다고 생각할 때가 가장 빠른 때"라는 말을 새기면서 집필 작업을 하게 되었습니다.

사실 제가 세세한 교육 이론을 전개할 입장은 되지 못합니다. 그래서 어떻게 글을 써 볼까 하다가 교육 현장이나 주변에서 경험한 사례를 중심으로 글을 엮어 나가면 독자들도 쉽게 이해하고 접근하기에 편할 것이라고 생각했습니다.

책에서 소개한 사례를 읽다 보면 죽비로 맞은 듯 화들짝 정신이 드는 순간이 있을 것으로 생각합니다. 존 록펠러는 "성공의 비밀은 평범한 일을 비범하게 해내는 것"이라고 했습니다. 어렵다 생각하면 끝도 없이 어려운 것이 교육입니다. 하지만 쉽다고 생각하면 정말 너무도 쉬운 원리가 있는 것 또한 교육이 아닌가 생각합니다.

교육 일선에서 있었던 지난 시절을 되돌아보면 정말 특별한 경험을 많이 했다는 생각이 듭니다. 학교에서 만나는 아이들을 통해 그 가정의 생활 모습을 유추할 수 있었고, 부모의 됨됨이나 성격, 인품 등을 보고 '아, 이 아이가 이만큼인 것은 부모가 이만큼이었기 때문이구나!'라고 종종 생각했습니다. 그만큼 아이는 부모의 영향을 크게 받으며, 주어진 환경이 매우 중요하다는 사실을 알 수 있었습니다.

따라서 부모의 행동 양식, 사용하는 언어 모형, 가치관, 신념 체계, 교육관 등이 자식 교육에 얼마나 큰 영향을 미치는지 새삼 재론할 필요는 없을 것입니다. 따라서 부모 본인이 먼저 스스로 순화되고 변화할 수 있도록 끊임없이 연구하고 노력해야 할 것입니다.

'치대국약팽소선(治大國若烹小鮮)', 즉 "큰 나라를 다스리는 자는 마치 작은 생선을 굽듯이 한다(노자의 『도덕경』)"라는 말처럼 우리의 소중한 자식들도 작은 생선을 굽듯 조심조심 키워 나가야 할 것입니다.

나의 가치관이나 자식을 대하는 태도 등에 문제는 없는지 이 책을 통하여 스스로를 비추어 보고, 문제가 있다면 어떤 문제인지를 생각해 보면 답은 의외로 빨리 찾을 수 있을 것입니다. 자식을 바르게 키우는 데는 몇 가지 중요한 키워드가 있다고 생각합니다. 이를테면 '개인차의 인정', '아이의 성향과 현 상태 바로 알기', '단점보다 장점 발견하기', '칭찬하기', '심리적 안정을 위한 환경 조성해 주기', '고운 말 쓰기', '기다려 주기' 등입니다. 이러한 내용을 잘 이해하고 적용한다면 아이들은 마치 마법처럼 변할 것입니다.

부모는 조금도 변하지 않고 자식을 부모의 욕심대로 바꾸려 한다면 자식이 변하는 것은 거의 불가능에 가깝다고 할 것입니다. 잘되는 식당을 보면 그 이유를 금방 알 수 있습니다. 이처럼 교육에도 길이 있다 할 것입니다. 식당이 잘되려면 많은 것을 연구해야 하겠지요. 식당의 위치, 음식의 맛, 유동 인구, 건물 모양, 재료, 조리 방법 등을 종합적이고도 면밀하게 연구해야 할 것입니다.

마찬가지로 자녀 교육도 여러 각도에서 종합적으로 판단하고, 부단히 연구하여 총체적인 접근을 해야만 합니다. 패러다임이 바뀌고, 게임의 규칙이 바뀌는 시기라 할 수 있는 현대를 살아가면서 연구하지 않고 그냥 엄마의 엄마처럼, 아빠의 아빠처럼 아무 생각 없이 오로지 '공부! 공부!'만을 외치는 어리석은 부모가 되어서는 안 될 것입니다.

내 아이의 특성, 성향, 성격, 재능 수준 등을 고려하여 여러 가지를 체험시켜 보고서야 비로소 종합적인 설계도를 그릴 수 있을 것입니다. 이러한 과정을 거치지 않고서는 바른 설계도가 나올 수는 없을 거라 봅니다. 부실한 설계도로 출발하면 부실 공사가 될 수밖에 없겠지요.

그런데 어쩌겠습니까? 많은 경우, 이러한 고려 없이 거의 모든 아이가 1~2등의 설계도에 맞추어 죽어라 집을 짓기 시작한다는 것입니다.

그러니 건축을 해 갈수록 어디에선가 틈이 생기고, 비가 새고 찬바람이 새어 들어올 수밖에 없는 것입니다. 따라서 먼저 각자의 능력에 맞는 설계도를 그리는 것이 중요할 것입니다. 잘 설계된 도면에 따라 각자에게 맞는 집을 지어 가면, 모두가 튼튼하고 멋진 집을 지을 수 있을 것입니다.

부모와 자식이 한자리에 앉아 대화를 하다 보면 서너 마디의 말이 오가고는 더 이상 할 말이 없어지고 대화가 끊기게 되어 애꿎은 천장만 멀뚱멀뚱 쳐다보는 등 자리가 어색해지는 경우가 적지 않습니다. 특히나 아버지와는 더욱 그렇지요. 여기에 제시된 사례들을 참고하시면 부모가 어떤 마음과 방법으로 자식과 대화를 이어 가면 좋을지 명쾌한 해답을 얻을 수 있을 것입니다.

그리하여 '홍탁운월(烘托雲月)', 즉 '달에 구름이 걸쳐 있을 때 구름은 달로 인하여 더 뚜렷이 보이고, 달은 구름으로 인하여 더 밝게 보인다.'라는 말처럼 부모와 자식이 달과 구름처럼 서로를 빛내는 일에 더욱 힘써야 할 것입니다.

아무쪼록 이 책이 우리나라의 모든 부모와 일선 학교 선생님들께도 많은 도움이 되었으면 좋겠습니다. 그리고 어린 자녀들뿐만 아니라 성년이 된 자식들을 어떻게 대해야 하는지에 대한 좋은 지침서가 되고, 사회생활을 하면서 어려웠던 인간관계를 좀 더 매끄럽게 해 나가는 지혜를 얻을 수 있는 의미 있는 자료가 되기를 바랍니다.

책의 출판을 위해 여러 가지로 응원해 준 아내 그리고 아들, 딸과 사위에게 고맙다는 말을 전합니다.

또한, 바쁘신 가운데에도 원고정리에 많은 도움을 주신 김지혜 선생님, 노일화 선생님, 조기석 선생님 그리고 이승민 박사와 박선례 박사에게도 고마운 마음을 전합니다.

2020년 7월 어느 무더운 날에
해운대에서
안봉현

차례

1부   엄마, 아빠가 처음이라 미안해

4부 ——————— 달라지는 우리 아이

엄마, 아빠가 처음이라 미안해

자녀에 대한 지나친 욕심을 버려라

대학 시절 입주 가정 교사를 할 때의 이야기입니다.

제가 맡은 아이는 초등학교 6학년 남자아이였는데, 말썽꾸러기였을 뿐 아니라 성적도 좋지 않은 편이었습니다. 첫날 아이의 아버지는 가정 교사인 제 앞에 아이를 불러 놓고는 "선생님과 함께 열심히 공부해야 한다."라는 말과 함께 장롱 옆에 있던 다듬잇방망이를 꺼내 "선생님, 이 방망이로 죽지 않을 정도로 때려도 좋으니 제발 사람 좀 만들어 주십시오."라고 했다. 아이의 아버지로부터 이 정도의 권한을 부여받은 저는 무척 고무되었습니다.

잠자리에 들 때 많은 생각이 맴돌았습니다.

'무엇부터 시작해야 할까?'

'공부를 가르치는 것보다 먼저 이 아이를 이해하고 친해져야 한다.'

'왜 이 아이를 사람답지 못하다고 생각할까?'

'이 아이가 지금 무엇을 생각하는지, 무엇이 문제인지를 파악하는 것이 먼저다.'

다음 날부터는 이 아이의 학습 상태를 알아보기 위해 여러 가지를 테스트해 보았습니다. 그리고 산책도 같이하고, 휴일이면 같이 낚시를 하거나 뒷산에 칡을 캐러 가는 등 친해지기 위한 활동도 병행했습니다. 이후 시간이 지나면서 가족처럼 친해졌고 아이가 저를 친형처럼 따르게 되었지요.

그러면서 아이의 행동이 서서히 변했고, 학교 성적도 많이 향상되었습니다. 이전에는 학교에서 빗자루를 던져 유리창을 깨는 등 일탈 행동을 자주 하고 공부에도 별다른 흥미가 없는 아이였는데, 그런 행동이 서서히 없어지면서 좋아지기 시작했습니다. 이후 중·고등학교를 무난히 진학하여 졸업했고, 지금은 개인 사업을 하며 성실히 살고 있습니다.

이 아이의 경우, 부모님이 새벽에 집을 나가서 바쁘게 장사를 하고 저녁 늦게 귀가하는 상황이라 부모님과 대화할 시간도 거의 없었습니다. 그러다 보니 아이는 마땅히 마음 둘 데가 없는 것 같았고, 다른 아이들보다 에너지가 강하여 더러 일탈 행동을 하고 공부에는 흥미를 갖지 못하는 상황이었습니다. 그러한 아이를 부모나 학교 선생님이 이해하기보다는 매번 심하게 꾸지람을 하거나 체벌을 가한 탓에 아이의 행동은 더욱 삐뚤어지기만 한 것이 아니었나 하는 생각이 들었습니다.

이 아이는 단지 다른 아이보다 에너지가 특별히 강한 아이일 뿐인데, 부모를 비롯한 주변의 어른들이 이런 아이의 특성에 대한 이해가 부족한 나머지 무슨 중죄를 지은 죄인 취급하여 매번 심한 꾸중을 함으로써 주눅 들게 한 것이죠. 그러다 보니 이 아이는 자신을 체벌하는 부모, 특히 아빠에 대한 불만으로 가득 차 있었던 것 같습니다.

심지어 어느 비 오는 날 아빠가 아이를 속옷만 입힌 채 대문 밖으로 쫓아낸 적도 있었고, 책에서 밝힐 수 없을 정도로 심한 벌을 가하기도 했다 합니다. 어쩌면 아빠의 이러한 행동이 아이를 더욱 힘들게 한 것이 아니었나 싶습니다. 벌을 줄 때는 가벼운 것에서 시작하여 서서히 강도를 높여 가야 하는 것인데, 처음부터 심한 벌을 가함으로써 반항심만 생겨나게 하는 역효과를 낸 것이 아닌가 하는 생각도 들었지요.

그때 나는 이 아이에 대한 치료는 어쩌면 아주 간단한 것일 수도 있겠다는 생각을 했습니다. 다른 아이들보다 넘치는 에너지를 가진 부분에 대해 인정해 주고 더 기다리고 격려해 주었더라면 훨씬 더 빠른 시간 내에 건강하고 자신감을 가진 원만한 아이로 성장할 수 있었을 것입니다. 이 아이는 자신의 이야기를 들어주고 같이 대화하며 이해해 주는 부모를 기대했는데 일탈 행동에 대해 심하게 꾸지람만 하는 부모, 특히 아빠 때문에 많이 힘들었을 것입니다.

이 아이의 장점을 들어보면 다음과 같습니다.

- 남자다운 기질을 가졌다.
- 누나나 동생들과 잘 지내며 싸우지 않는 등 강한 형제애를 가졌다.
- 부모의 말씀에 대들지 않고 순종하는 등 어른을 공경한다.
- 선생님을 잘 따른다.
- 부모님이 늦게 귀가하셔도 불만 없이 씩씩하게 생활한다.

이렇게 장점도 많은 아이였습니다. 평소에 아이의 장점을 끄집어내어 말하며 자주 칭찬해 줬더라면 훨씬 더 원만하게 자랄 수 있었을 텐데…

아이에 대한 전문적인 이해 없이 단지 잘 키워 보겠다는 지나친 욕심만 앞서다 보니, 오히려 아이를 구석으로 몰아넣고 빠져나오지 못하도록 한 결과가 되지 않았나 생각하게 됩니다.

인간을 상과 벌로 다스리는 데는 한계가 있다고 합니다.

상과 벌로 인간을 움직이는 방법에 대해 총체적으로 연구한 알피 콘은 그의 저서 『상으로 인하여 벌을 받다(Punished by Rewards)』에서 상과 벌은 독약과 같다고 하였습니다. 모든 약이 독이어서 적절할 때 조금만 써야 효과가 있지, 좋다고 무조건 많이 복용하거나 오래 복용하면 부작용 때문에 역효과가 날 수 있습니다. 이와 같이 상과 벌은 효과도 매우 위력적이지만 잘못 사용하거나 남용할 경우 심각한 부작용을 초래할 수 있습니다.

아직 전두엽이 미성숙해서 제대로 판단도 못 하고 지시도 잘 따르지 못하고 계획도 잘 세우지 못하는 학생들을 큰 소리로 꾸짖으면 아이는 감정의 홍수 상태에 빠지게 됩니다. 아드레날린이 분비되고, 스트레스 호르몬이 분비되고 혈압과 혈당이 올라가며 맥박이 1분에 95회 이상 뛰게 됩니다. 결과적으로 전두엽(영장류의 뇌)에 피가 가지 않고, 뇌간(파충류의 뇌)에 몰리게 됩니다. 즉, 우리는 아이에게 인간답게 생각하고 행동하라고 훈계하지만 결국 훈계하는 방법에 따라 아이는 인간이 아니라 파충류가 되어버릴 수도 있는 것입니다.

파충류인 뱀은 사람을 만나면 둘 중 하나만 합니다. 싸우거나 도망가거나. 심하게 꾸중 들어온 아이들도 마찬가지 반응을 보입니다.[1]

이러한 연구 결과는 흘려들어서는 안 될 귀한 말이라 여겨집니다.

그리고 짧지만 진한 울림이 있는 시(詩)가 있어 소개해 드립니다.

---

[1] 조벽, 『조벽 교수의 인재혁명』, 해냄출판사, 2010.

덜 단호하고 긍정하리라

힘을 사랑하는 사람으로 보이지 않고

사랑의 힘을 가진 사람으로 보이리라

_ 다이애나 루먼스, 「만일 내가 다시 아기를 키운다면」 중에서

기다리고 지켜봐 주는 부모가 돼라

아이들과는 주로 어떤 대화를 하시나요?

"숙제 다 했어?"
"학원은 갔다 왔어?"
"공부는 언제 하니?"

대개 이런 식 아닐까요?

여러분께서는 어린 시절을 어떻게 보내셨나요?

자란 곳에 따라 다르겠지만, 농촌 출신이라면 봄에는 쑥이나 여러 가지 나물을 캐고, 뒷산에 올라 진달래꽃을 따서 먹기도 하며 동네 친구들과 어울려 즐거운 시간을 보냈던 기억을 떠올릴 것입니다.

여름이면 마을 앞 개울에서 친구들과 멱을 감고 들판에 소를 몰고 나가 풀을 먹이면서 풀밭에 누워 푸른 하늘을 보며 꿈을 키우기도 했겠지요. 또한 뒷산을 누비고 다니며 산딸기를 따 먹기도 하고, 매미채로 매미를 잡거나 강에 나가 낚시를 하기도 하며 행복한 어린 시절을 보냈을 것입니다.

가을에는 추수하는 어른들을 돕기도 하고 벼를 베어 낸 논바닥에서 우렁이나 미꾸라지를 잡기도 하고 친구들과 어울려 밤을 줍거나 잘 익은 감을 따 먹기도 하면서 재미있게 지낸 낭만적 기억들이 새삼스레 생각날 것입니다.

겨울에는 또 어떤가요? 따뜻한 아랫목에 이불을 펴고 할머니가 광에다 보관해 둔 이가 시리면서도 달콤한 홍시를 먹으면서 도란도란 이야기꽃을 피우기도 했겠지요. 서릿발이 내린 들판에 나가 동네 친구들과 연날리기를 하면서 저 멀리 끝없이 펼쳐진 하늘을 바라보며 희망찬 꿈을 꾸기도 했을 것입니다.

설날 동네 어르신들께 세배 다니기, 정월 대보름날 달집 짓기, 동네 농악패의 놀음을 보며 따라다니기, 자치기나 구슬치기 등 신나게 놀기도 했을 것입니다. 뒷산에서 토끼몰이를 하거나 꽁꽁 언 미나리꽝에서 동네 친구들과 썰매를 타기도 하면서 즐겁게 놀았던 것을 생각하면 지금도 왠지 모를 행복감에 젖어 들 것입니다.

도회지에서 자란 아이들은 시골과는 다른 놀이들이 있었지요.

근처 뒷산에 올라 놀기도 하고 싸구려 동네 극장에 가서 영화도 보고, 소독차가 오면 그 차를 따라 골목 끝까지 따라다니며 즐거워했을 것입니다. 골목에서 동네 아이들이 와글와글 모여 딱지치기, 구슬치기, 말타기 놀이를 하면서 해가 질 때까지 재미있게 노는 게 일이었습니다.

정말 잊을 수 없는, 즐겁고 행복한 시간이었지요.

지금 아이들은 뭘 하며 놀까요? 놀 시간은 있을까요?

학교에 갔다가 가방을 내려놓고 쉴 틈도 없이 몇 군데 학원에 바로 가야 합니다. 그리고는 집에 오면 학교 숙제와 학원 숙제를 마쳐야 하지요. 그러다 지쳐 잠이 듭니다. 노는 시간은 거의 없는 거죠. 친구들과 놀 수 있는 시간이 없다는 말입니다.

> 한국청소년정책연구원에서는 2012년 초등학생의 일과가 대학입시를 앞둔 고등학생의 일과와 같다는 자료를 발표했다. 학교와 학원의 수업시간을 빼고 나면 하루 여유 시간이 고작 3시간 미만이며, 그 시간에 또 숙제를 해야 한다. 운동 시간은 1시간도 채 되지 않는다.[2]

이런 사실이 우리를 아프게 합니다.

> 그리고 놀아야 성공한다. 21세기 국가 경쟁력은 레저문화에서 결

---

2) 이종선, 『성공이 행복인줄 알았다』, 웅진씽크빅, 2012.

정된다고 해도 과언이 아니다. 레저 활동은 문화 생산과 문화 소비가 이루어지는 곳이기 때문이다.[3]

아르키메데스는 목욕하다 '유레카'라고 외쳤다. 아인슈타인은 '연구실에 있을 때 보다 샤워할 때 아이디어가 더 많이 샘솟았다.'고 말했다.

에디슨은 연구가 벽에 부딪힐 때마다 강으로 나가 낚싯줄을 드리웠다. 그는 '바람과 햇볕으로부터 아이디어를 얻었다.'고 밝혔다.[4]

이처럼 뇌를 편안히 쉬게 할 때 창의적인 아이디어도 많이 얻을 수 있는 것입니다.

혹 시간이 나면 우리의 아이들은 뭘 하고 놀 수 있을까요? 기껏해야 컴퓨터 오락이나 티브이 시청을 하는 정도죠. 짠한 생각이 듭니다.

우리나라 아동의 삶의 만족도가 OECD 내 국가들 가운데 가장 낮고, 결핍지수는 가장 높다고 합니다. 보건복지부가 발표한 '2013년 한국 아동 종합 실태 조사' 결과에 따르면 한국 아동의

---

3) 박상설, 『잘 산다는 것에 대하여』, 토네이도, 2014.
4) 연준혁·한상복, 『보이지 않는 차이』, 위즈덤하우스, 2012.

삶의 만족도는 100점 만점에 60.3으로 OECD 회원국 가운데 최하위였다고 합니다.[5] 이렇게 자란 아이들이 과연 멋진 어른으로 성장할 수 있을까요? 지금처럼 온종일 공부만 하는 아이가 커서 어떤 사람이 될 것인가를 생각하면 실로 아찔합니다.

오래전 매스컴에 명문 S 대에 3명의 아들을 합격시킨 어머니가 나왔습니다. "어떻게 하면 자식들을 이렇게 훌륭하게 키울 수 있었습니까?"라고 물었더니 그분은 "그냥 두었더니 그렇게 되었어요."라고 대답했습니다.

그렇습니다. 묵묵히 지켜보면서 스스로 할 수 있도록 격려하고 조금씩 필요한 부분을 도와주면 되는 것입니다. 그런데 성질 급한 우리의 부모님들은 자식을 그냥 두는 것을 절대 참지 못하는 거지요. 부모가 참견하고 가르치지 않으면 부모 구실을 하지 못하는 것으로 생각하는 겁니다. 물론 참견도 하고 잘못된 부분은 지도하고 가르쳐야 하지요. 하지만 방법의 문제입니다.

아이가 하는 것을 그냥 지켜봐 주는 것이 먼저인데, 그사이를 참지 못하는 겁니다. 지켜봐 준다는 것이 결코 쉬운 일이 아님을 압니다. 하지만 그렇게 해야만 합니다. 그래야만 아이가 스스로 시행착오를 겪으면서 제자리를 찾아갈 수 있다는 거죠. 지켜보다 보면 '왜 저렇게밖에 못할까?'라고 생각되는 안타까운 순간들도 있을 겁니다. 그것을 지켜보는 부모는 당장 참견을 하고 싶고, 당

---

5) 한국 아동 '삶의 만족도' OECD 최하위, 연합뉴스, 2014.11.4.

장 빠른 길을 안내하고 싶고….

힘들겠지만 참고 기다려 줘야 합니다. 그리고 아이가 스스로 자신의 상황을 인식하고 일어서려는 신호가 보이면 그때서야 비로소 도와줄 일은 없는지 물어보고 격려하며 충분히 도와주어야 할 것입니다.

부모님들 중에는 아이들에 대한 기대 수준이 너무 높은 나머지 유명하다는 과외 학원에 등록하는 등 이것저것 앞장서서 챙기는 경우가 종종 있지요. 물론 아이가 받아들일 준비가 되어 있고 소화해 낼 능력이 있다면 아이도 좋고 부모도 좋은 것이어서 별다른 문제가 없을 것입니다. 하지만 반대의 경우에는 심각한 문제가 발생할 수 있습니다.

무엇이 문제일까요?

첫째는 부모가 짜 놓은 스케줄에 아이가 적응하지 못하는 것이 문제인 거죠. 아이가 그 스케줄을 소화할 수 있는 능력이 되지 않으니 문제인 겁니다. 아이에게는 그것이 오히려 엄청난 스트레스입니다. 능력이 되지 않는 아이에게 넘치도록 많은 것을 갖다 안겼기 때문입니다. 아이가 소화 불량에 걸리는 거죠.

둘째는 그런 아이를 바라보는 부모님의 실망감과 허탈감이 문제입니다. 아끼고 아껴서 아이에게 몽땅 투자했는데, 결과는 그게 아니니 실망할 수밖에요. 실로 난감한 상황입니다. 그리고는 조급해하고 불안해합니다.

열심히 한다고 모두가 공부를 잘할 수 있다면 얼마나 좋을까요? 누구에게나 개인차가 있습니다. 아이들 각자가 가진 차이를 인정하지 않으면 큰 실망과 함께 낭패를 볼 수밖에 없습니다. 개인차에 따라 자기의 그릇만큼 성장한다는 이야기입니다.

부모님들이 정말 관심을 가지고 크게 신경을 써야 할 부분은 바로 좋은 인성을 가진 아이로 키우는 것이 아닐까 합니다. 다시 말하자면 많은 사람이 매력을 느낄 수 있는 아이로 키우자는 것입니다. 좋은 인성을 가진 매력 있는 아이는 어떤 아이일까요?

고운 말을 쓰는 사람, 동료와 타인을 배려할 줄 아는 사람, 부모와 어른들을 공경하는 사람, 성실한 사람, 밝은 얼굴로 생활하는 사람, 건강한 사람….

이렇게 키운 아이는 누구에게나 환영받는 매력 있는 사람으로 성장할 것입니다. 이러한 소양을 가진 사람이 하는 일이라면, 어떤 일이든 성공적으로 이루어 낼 수 있지 않을까요?

과한 벌은 오히려 아이를 해친다

부모가 자식을 지나치게 강하게 대하는 가정이 있습니다.

강한 부모가 좋을까요? 아니면 부드러운 부모가 좋을까요? 답하기 쉽지 않은 문제입니다. 더러는 강한 부모가 강한 아이로 키울 수도 있을 것이고, 강한 부모가 아이를 더욱 망칠 수도 있으니까요.

하지만 강한 부모의 가정에서 자란 아이가 더 많은 문제를 안고 있는 경우를 종종 볼 수 있습니다. 부모의 기대에 못 미치거나 실수를 했을 때 지나칠 정도로 심하게 야단치고 꾸지람하면 아이는 어떻게 반응할까요?

- 주눅이 든다.
- 심리적으로 불안해한다.
- 반항할 엄두를 못 낸다.
- 순간 머릿속이 하얗게 되며 아무 생각도 할 수 없다.

- '어서 이 위기를 벗어나야겠다.'라는 생각을 한다.
- '빨리 이 자리를 모면해야 한다.'라는 생각을 한다.

언어폭력을 가하든 체벌을 하든 벌을 주는 부모 입장에서는 심하게 야단치면 다음부터는 절대 그러지 않을 거라 생각하겠지요.

하지만 이런 경우, 칭찬하거나 상을 줄 때와는 달리 전혀 예측하지 못한 방향으로 아이가 어긋나게 되는 경우가 있습니다. 벌은 약하게 시작하여 서서히 강한 쪽으로 주어져야 하는데 처음부터 강한 벌을 계속 주다 보면 벌을 받는 아이는 벌에 대한 면역력이 생깁니다. 또한, '우리 부모님은 원래 그래.'라고 생각하며 만성화되어 별다른 효과를 보지 못하는 경우가 있지요. 벌은 전혀 예측하지 못한 방향으로 엇나가는 경우가 종종 있어 주의가 필요합니다. 따라서 벌을 줄 때는 여러 가지로 깊이 생각해야만 합니다.

'어느 정도의 강도로 줄 것인가?'
'어떤 벌을 어떻게 줄 것인가?'

이를 결정한 후에도 정말 조심스럽게 접근해야 할 것입니다. 부모가 무섭게 야단치며 "다음에 또 그럴 거야?"라고 다그치면 대부분의 아이는 "다음에는 절대 그러지 않겠습니다. 한 번만 용서해 주세요."라고 정답처럼 말합니다. 아이들은 이미 어른들이 기대하는 답을 잘 알고 있는 거죠. 그렇게 답하면 대체로 부모들은 만족하고 넘어갑니다. 아이들은 정말 다음에는 그러지 않을까요?

아이들은 대체로 육체적으로나 정신적으로 엄청난 충격이 가해지는 순간을 모면하기 위해 영혼 없이 그냥 그렇게 대답할 뿐인 겁니다. 비슷한 주장을 하는 이도 있습니다.

> 우리네 교육은 順從교육으로 일관해 오고 있다. 이렇게 해라, 저렇게 해라, 하지 마라 등 자녀에게 억압적 지시만을 일삼아 왔다. 그러니 자립 교육이 될 리 없고, "내가 할래요!"보다 "나는 몰라요!"가 먼저 튀어나온다. 부모는 꾸준한 인내심을 갖고 자녀 스스로가 행동할 수 있도록 홀로서기 기법으로 지도해야 한다. 부모의 욕구를 즉석에서 충족하기 위해 끊임없는 설교와 잔소리를 늘어놓은 뒤 자녀가 "네!"하면 모든 것이 해결된 것으로 여기고 스스로 만족하면 안 된다. 이것은 慰安補償心理(위안보상심리)다. 자녀는 이때마다 방어기제심리를 본능적으로 작동시켜 우선 요령껏 피할 뿐이다.[6]

그렇습니다. 매번 이렇게 된다면 아이들의 행동이 개선되기를 바라기는 어려울 거라는 생각이 듭니다. 이런 가정에서 아이와 부모와의 대화가 자연스럽게 이어질 수 있을까요? 아마 쉽지 않을 것입니다.

---

6) 박상설, 앞의 책.

그것은 아이의 생각을 평화로운 분위기에서 들을 수 있는 환경이 되지 않는 상황에서 어른들의 일방적인 꾸중이나 체벌이 이어지기 때문이지요.

　이렇게 강하게 벌 받고(요즘에는 부모의 심한 언어폭력이나 체벌은 아동 학대로 처벌받을 수 있습니다) 강하게 반항하며 자란 아이가 과연 좋은 의미의 강한 사람으로 성장할 수 있을까요?

　이러한 환경에서 자란 아이는 마음의 상처를 많이 받게 될 것입니다. 따라서 심리적으로나 정서적으로 크게 불안정한 아이로 자랄 수밖에 없을 것이라 여겨집니다.

　우리 역사에도 비슷한 사례로 비극적인 결말을 본 경우가 있습니다. 바로 사도세자 이선과 아버지 영조의 이야기입니다.

　영조의 후궁인 영빈 이씨가 41세에 얻은 왕자가 바로 이선, 사도세자입니다. 영조는 이선이 태어난 다음 해, 한 돌밖에 되지 않은 아이를 세자로 책봉합니다. 하지만 15세가 된 이선은 학문이 아닌 무술에 관심을 가졌고, 아들에게 실망한 영조는 아들을 야단칩니다. 결국 두 사람 사이는 멀어지고 아들 이선은 미쳐 버립니다. 『한중록』에 이선의 정신병에 대한 기록도 있다고 합니다. 게다가 이선에 대한 영조의 냉대는 날이 갈수록 심해졌습니다. 이선이 찾아가면 영조는 "밥 먹었냐?"라고만 물어보고 이선은 "네."라고만 대답했다고 합니다. 그러면 영조는 그 자리에서 귀를 씻고 그 물을 이선이 있는 쪽으로 들이부어 버렸다 합니다. 심지어 이선은 이런 말도 했다고 하지요.

"아버지가 나를 사랑하지 않으시니 울화증이 생겨 짐승이나 사람이나 죽이지 않고서는 속이 풀리지 않습니다."[7]

7) 설민석, 『설민석의 조선왕조실록』, 세계사, 2016, 406~414쪽.

개인차를 인정하는 부모

　친구를 만나거나, 모임에 가서 자식들 이야기를 하다 보면 기가 죽는 경우가 있습니다.

　누구 집 자식은 공부를 잘해서 걱정이 없다느니, 누구 집 자식은 야무지고 착실해서 입 댈 일이 없다느니…. 이런 말들을 들을 때면 괜히 우리 집 자식과 비교를 하게 됩니다.

　우리 집 자식은 도무지 남보다 잘하는 것이 없는 것 같다는 생각을 하면 괜히 짜증이 나고 힘이 빠집니다. 새벽부터 일터로 나가 몸 사리지 않고 열심히 일해서 자식을 먹여 살리고, 학원비도 부지런히 지원해 줬습니다. 하지만 도무지 희망이 보이지 않는 것 같아 허망한 생각에 길 가장자리에 있는 돌부리도 차 보고 나뭇둥걸도 건드려 봅니다.

　하지만 크게 낙심할 일만은 아니라는 생각이 듭니다.

　사람은 누구나 태어날 때부터 개인차가 있습니다. 얼굴이 큰 사람, 작은 사람, 키가 큰 사람, 작은 사람, 눈이 큰 사람, 작은 사람 등등.

이처럼 눈에 보이는 물리적인 차이는 대체로 인정하지만, 눈에 바로 보이지 않는 지능이나 기질 또는 예술적 감각이나 손재주 등의 개인차를 인정하는 데는 저항을 느끼는 경우가 있습니다.

물리적인 차이만큼이나 정신적·기능적 차이도 엄연히 존재함을 안다면, 내 아이와 남의 아이는 개인차가 있음을 당연히 인정해야 할 것입니다.

가드너는 '다중지능이론'에서 인간의 지능은 언어지능, 논리수학지능, 공간지능, 음악지능, 신체운동지능, 대인관계지능, 개인내적지능, 자연지능, 실존지능의 아홉 가지로 나뉜다고 소개하고 있습니다.

이처럼 인간은 여러 가지 다양한 지능을 가지고 있습니다. 다양한 지능 중에 여러 부분의 지능이 뛰어난 아이도 있을 것이고, 특정 지능은 뛰어나나 다른 지능은 떨어지는 아이도 있을 것입니다.

이와 같이 각 개인마다 각각의 능력에서 차이가 있음을 인정한다면, 아이를 훈육할 때 훨씬 더 편한 마음으로 임할 수 있을 것이라 생각됩니다.

'음, 우리 아이는 이 부분에서 특별히 소질이 있는 것은 아니구나.'

'우리 아이가 그래도 이 방면에는 흥미를 가지고 있구나.'

이런 생각을 가지고 부모로서 전체적인 방향을 잡고 적절히 안내하고 조력해 준다면 자녀 교육에 큰 무리 없이 접근할 수 있을 것이라 여겨집니다.

시대의 변화를 감지하는 부모가 돼라

세상의 모든 부모는 우리 아이가 공부를 잘하기를 바랍니다. 아니, 잘해야 한다고 믿는 거죠. 공부를 잘해야만 출세도 하고 밥벌이 걱정이 없다고들 믿는 게 사실입니다.

이는 아마 조선 시대를 거쳐 근세에 이르기까지 벼슬을 해야만 권력과 부를 함께 가질 수 있었기 때문이 아닌가 합니다. 벼슬은 아무나 할 수 있었나요? 벼슬을 하기 위해서는 책을 열심히 읽어 과거 시험에 합격해야만 했습니다. 근세 이후 얼마 전까지도 명문 대학을 나오거나 고시 등의 시험에 합격만 하면 출세하여 부와 권력을 함께 가질 수 있었습니다.

물론 지금도 일부 분야에서 그런 경우가 없지는 않지만, 이제 시대가 많이 달라졌지요. 사회가 다원화되고 일하는 방법이 많이 달라지고 있기 때문입니다.

우리나라는 선진국을 뒤좇아 가던 추격 성장 시대를 뒤로하고, 선두 그룹으로 자리를 바꾸는 선도 성장기를 맞고 있습니다.

선도적인 기술과 창의적인 아이디어로 상품과 서비스를 창출해 내는 시대에 살고 있는 겁니다. 추격 성장 시대가 부족한 인재들이 열심히 공부하여 선진국을 모방하고 따라 하던 시대였다면, 선도 성장 시대는 이전과는 달리 창의적인 아이디어를 생산해 낼수 있는 창의 인재와 이러한 아이디어를 다각도로 융합하여 산출물을 생산해 내어야만 하는 시대라는 거죠.

이제는 명문 대학이라는 간판만 가졌거나 공부만 잘하는 학생은 창의성에 한계를 드러내며 도태될 수밖에 없는 시대인 겁니다.

이러한 시대의 변화를 아직도 감지하지 못한 많은 부모들은 아이들을 어떻게 지도하고 이끌어야 할지 몰라 당황해하고 있습니다.

학교란 무엇인가? 처음으로 혈연을 떠나 타자들의 네트워크에 접속하는 곳이다. 타자를 통해 세계와 우주라는 매트릭스로 들어가는 것. 그것이 곧 배움이다. 따라서 우정과 배움은 분리될 수 없다. 우정이란 "사람을 좋아하는 능력"이기도 하다. 교사와 학생의 관계도 그 연장 선상에 있다. "스승과 친구는 원래 하나다. 친구라지만 4배(四拜)하고 수업을 배울 수 없다면 그런 자와는 절대 친구하면 안 되고, 스승이라지만 마음속의 비밀을 털어놓을 수 없다면 그를 스승으로 섬겨서도 안 된다.(이탁오,『분서』)"

지식과 삶의 능동적 교감을 우리는 지혜라고 부른다. 우정이 타자와의 접속이라면 지혜는 자기에 대한 탐구다. 니체가 말했던가. "모든 사람은 자기 자신에 대해 가장 먼 존재"라고, 왜냐면 단 한 번도 자기에 대한 탐구를 시도해 보지 않았기 때문이다.[8]

일전에 부산시립미술관 전시를 보러 갔는데, 한 작품이 매우 재미있게 느껴졌습니다. 전시실 방 한 칸의 벽면 윗부분 양쪽에 필기체로 '엄마에게 속았다. 내가 너를 어째 키웠는데'라고 쓴 붉은색 네온사인 작품이었습니다.

지금 우리 사회의 현실을 한 방에 축약시킨 촌철살인의 명작이라는 생각에 머리를 한 대 얻어맞은 듯했지요.

그렇습니다. 엄마는 입이 닳도록 "공부해라! 공부해라!"라 말하고 허리가 휘도록 자식 뒷바라지를 했을 것입니다. 아이로서는 그렇게 엄마가 시키는 대로 공부만 열심히 했는데도 취직은 되지 않고, 취직이 되었다 하더라도 박봉에 임시직이었을 것입니다. '이러한 상황을 어쩌면 저렇게도 정확하게 꼬집었을까?'라는 생각이 들었습니다.

성적에 맞추어 대학과 전공 학과를 선택하고 보니 이건 아니다 싶어 2학년이 되어 전과를 하거나 대학 시험을 다시 보는 청춘들이 늘어나고 있다 합니다. 이러한 현상을 흔히들 '대2병'이라고

---

8) 고미숙, 『고미숙의 몸과 인문학』, 북드라망, 2013.

하던가요?

적당히 공부하고 어릴 때부터 잘 노는 아이가 커서도 창의적이고 인생을 행복하게 가꿀 줄 안다고 주장하는 학자들도 있습니다.

서구 선진국이나 행복 순위가 앞서는 나라의 아이들은 잘하는 것보다는 행복하게 할 수 있는 것에 더 많은 시간을 보내도록 안내하고 지도한다고 합니다. 우리나라의 아이들도 자연과 교감하며 친구들과 강가나 들판에 나가 자연을 즐기고, 이웃과도 친근하게 교류하며 행복한 시간을 즐기면서 살 수 있도록 해야 하겠습니다. 공부마저도 잘하면 좋겠지만 그런 사람이 과연 몇이나 될까요? 부모가 좁은 생각으로 판단을 그르쳐 아이의 인생을 실패로 이끌어서는 안 될 것입니다.

아이의 능력은 공부가 아니어도 얼마든지 많은데, 오로지 공부로만 승부하게 한다는 것은 정말 어리석은 일이 아닌가 하는 생각이 듭니다. 아이가 가진 다양한 재능을 발견해 내는 과정에서 여러 번 실패도 할 수 있는 것입니다. 하지만 이때 하는 실패는 당연한 것입니다.

단지, 실패를 바라보는 시각을 달리할 필요가 있는 것입니다. 다시 말하면, '실패의 씨앗' 속에는 '성공의 싹'이 숨어 있다는 사실을 알아차려야 합니다. 눈앞의 작은 성공을 위하여 아이를 다그치기보다는 아이가 하는 것을 느긋이 지켜보며 기다려 주고 격려하는 태도를 갖는 것이 훌륭한 부모의 자세가 아닐까 합니다.

아이는 언제나 실수할 수 있고, 실패할 수 있는 겁니다. 아직 완전하게 성장하지 않은 부족한 아이를 무조건 꾸짖거나 다그치기보다는 다독이고 격려해야 합니다. 또한, 신문이나 독서를 통해 시대 변화를 빠르게 감지하여 자녀들과 부담 없이 소통하는 부모야말로 크게 성공하는 자식을 가질 수 있는 자격이 있는 부모가 아닌가 생각됩니다.

과외 체질인 아이가 있다

제가 대학을 졸업하고 학교로 정식 발령을 받기 전의 일입니다.

어느 학교에서 강사로 근무하고 있었는데, 학년 주임 선생님께서 "안 선생, 과외 한번 안 해 볼래?"라고 하시면서 동네 아이들을 20여 명 모아 주셨습니다. 어느 집에서는 방 한 칸을 그냥 쓰라면서 자기 집 아이도 같이 공부시켜 달라고 했습니다. 그래서 다음 날부터 그 집에서 과외를 시작했었지요.

대학 시절 가정 교사를 해 보았지만 이렇게 다수의 학생을 한꺼번에 모아서 과외를 하기는 처음이었습니다. 제가 설계한 대로 먼저 아이들에게 문제를 풀게 하고 어느 학생이 어느 부분에서 부족한지를 파악한 후에 개별 학생들의 맞춤형 지도를 병행해 나갔습니다.

이렇게 두세 달이 지난 후, 아이들에게 변화가 나타나기 시작했습니다. 어떤 학생 그룹은 성적이 껑충 뛰어서 자신도 놀랄 만큼의 발전이 있었고, 어떤 학생 그룹은 서서히 상향 곡선을 그리며 점진적으로 발전해 갔습니다.

'과외에서도 개인차가 크구나!'

성적이 많이 오른 아이들은 흔히들 말하는 '과외 체질'이라는 생각이 들었습니다. 어쩌면 그렇게 '과외빨'을 잘 받을까요? 이 아이들은 이제껏 담임 선생님의 지도 방법이 본인과 잘 맞지 않았거나 작은 집단에서 개별적인 지도를 받아 본 적이 없는 아이들 아니었나 생각됩니다. 이처럼 아이마다 개인차가 있는 것이지요.

부모님들 중에는 내 아이가 어떤 성향을 가진 아이인지 또는 지금 어떤 상황에 있는지 등에 대하여 세세하게 관찰하거나 대화도 해 보지 않은 채 막연히 과외만 받으면 성적이 오를 것이라 생각하는 분도 적지 않은 것 같습니다.

아이의 특성은 고려하지 않은 채 일반적인 방법을 적용해 보고는 기대하는 만큼의 성과가 나오지 않는다고 이런저런 불만을 하며 선생님을 원망하는 경우도 있습니다. 그렇지 않으면 아이가 열심히 공부하지 않아서 그렇다며 아이를 윽박지르고 나무라는 부모도 의외로 많은 것으로 보입니다.

부모님들은 먼저 아이를 여러 각도에서 세세하게 관찰해야만 합니다. 그리고 차분하게 대화하면서 아이가 어떤 생각을 가지고 있는지, 또는 어떤 부분을 어려워하고 있는지 등을 고려하여 아이에게 맞는 최적의 처방을 찾아보아야 할 것입니다. 그래야만 아이도 편한 마음으로 쉽고 즐겁게 공부할 수 있지 않을까요? 아이 자신에게 맞는 방법으로 공부를 함으로써 시간을 낭비하지 않고 최대한의 성과를 얻을 수 있을 것이라 생각합니다.

이렇게 아이마다 공부하는 방법에도 개인차가 있다는 사실을 이해한다면, 의외로 아이들 교육에 훨씬 더 수월하게 접근할 수 있지 않을까 생각합니다.

학원은 도깨비방망이인가

어느 가정이든 정도의 차이는 있을지언정 자녀의 장래를 위해 많은 부분 사교육에 의존하는 것이 현실입니다.

부모들은 허리띠를 졸라매고 없는 돈 쪼개어 과외를 시키거나 학원에 보내게 됩니다. 미디어를 통해 보도된 바에 의하면 자녀의 과외비에 보태기 위해 엄마가 파출부로 일하는 가정도 있다고 합니다.

과외는 부족한 부분을 보충하기 위해 일시적으로 하는 것이 일반적이었습니다. 그러나 근래에는 학교에 다니는 것은 졸업장을 받기 위해서이고, 과외 학원에서 하는 공부가 진짜 공부라 생각하는 이들도 적지 않다고 합니다.

동네에 남아 있는 친구가 없어서 할 수 없이 학원으로 가야 하는 아이도 있고, 부모의 귀가 시간이 늦기 때문에 불안을 느낀 부모가 아이를 학원으로 '뺑뺑이'를 돌리는 경우도 있다고 합니다.

이처럼 과외를 시키는 이유는 각 가정마다 여러 가지 사정이 있어 한 가지로 딱 잘라 말할 수는 없지만, 과외와 관련하여 부모가 꼭 알아 두어야만 하는 것이 있습니다.

먼저, 아이와 자주 대화하면서 지금 하는 과외가 자녀의 공부에 과연 얼마만큼 도움이 되는지를 자주 확인해 보아야 할 것입니다. 아이의 생각을 들어보고 다시 한번 여러 각도에서 생각해 보아야 한다는 거죠.

가령 아이가 "다닐만 해요." 또는 "도움이 많이 됩니다."라고 대답하면 "구체적으로 어떻게 도움이 되니?"라고 물어봐야 할 것입니다. "지겹기만 해요." 또는 "억지로 다녀요."라고 말한다면 당장 중지해야 합니다. 그리고는 그 시간을 어떻게 활용할 것인지 아이의 의견을 들어보고 아이가 좋아하는 일 그리고 행복해하는 일을 찾아서 하도록 해야 합니다. 예를 들면 독서, 수영, 운동, 바둑, 외국어 등 무엇을 하면 행복한지 물어보고 이것저것 본인의 적성에 맞는 것들을 직접 경험해 보도록 권해야 할 것입니다.

과외를 한다고 모든 아이의 성적이 수직 상승하는 것은 아닙니다. 과외의 효과가 다른 아이들보다 크게 나타나는 아이가 간혹 있긴 합니다. 하지만 별다른 효과도 없으면서 돈과 시간만 낭비하는 아이도 있음을 알아야 합니다.

'내 아이는 어떤 경우인가?'
'효과가 있거나 없다면 그 이유는 무엇인가?'

여러 가지로 세세하게 따져 보아야 할 것입니다.

다음으로 생각해 보아야 할 것은 내 아이가 무엇에 관심이 있는지, 무엇을 잘할 수 있는지, 무엇을 하면 행복할지 등을 종합적으로 고려하는 과정입니다. 음악에 관련된 과목이나 몸의 움직임에 관련된 과목 또는 자연의 신비함이나 그에 따른 감수성을 익힐 수 있는 과목, 아름다움을 표현하는 과목 등을 선택하여 익혀 보게 하는 등 여러 가지를 직접 체험해 보도록 하는 것이 중요하다고 봅니다.

대개의 경우, 부모들은 어릴 때부터 열심히 공부를 시키면 대학 입학 때까지 공부를 잘할 것이라는 믿음을 가지고 있습니다. 물론 이와 같은 생각이 완전히 잘못됐다는 말은 아닙니다. 다만 중요한 것은 이러한 믿음은 공부에 흥미와 특기가 있는 아이들에게만 해당하는 것이라는 사실입니다.

그리고 부모가 아이를 크게 이끌고 도와주어야만 한다는 생각에 이곳저곳으로 아이를 내모는 경우, 문제가 생깁니다. 그러다 보면 지나치게 간섭하게 되고 잔소리를 하게 되는 거지요.

프랑스의 철학자이자 정신분석학자인 라캉은 사랑을 "갖고 있지 않은 것을 주는 것"이라고 정의했는데, 이에 반해 철학자 슬라보예 지젝은 "사랑도 원치 않는 자에게 주어지면 폭력"이라고 했습니다. 우리의 부모들은 사랑의 이름으로 자녀가 원치도 않는 일들을 일방적으로 가져다 안깁니다. 그것은 사랑이 아니라 폭력입니다. 그 폭력을 받고 자란 자녀들 역시 폭력적으로 변할 수밖에 없지 않을까요?

부모로서 할 수 있는 최소한의 것을 도와주는 것으로 그치고 아이 스스로 할 수 있도록 해야 합니다. 그러면 아이가 부모에게 원하는 최소한의 것은 무엇일까요?

부모가 사이좋게 지내면서 집안 분위기를 편안하게 해 주는 일, 아이를 격려하고 칭찬해서 더욱 용기를 갖게 하는 일 정도가 아닐까요? 그럼으로써 아이에게 편한 마음으로 공부에 집중할 수 있는 분위기를 만들어 주는 것입니다. 그리고 아이를 부드럽고 순하게 대하는 일, 아이의 건강을 위해 음식에 신경 쓰는 일, 아이의 안색을 살피면서 도와줄 일은 없는지 적절히 대화하는 일, 부족한 과목에 대해 도움을 요청하면 여러 정보를 수집하여 형편에 맞게 도와주는 일 등을 해 주면 되는 것이라 봅니다.

많은 경우, 아이가 공부를 잘하여 소위 일류 대학에 입학했다고 하면 그의 부모가 열심히 뒷바라지를 해 줘서 그렇게 되었다고들 하지요. 이는 완전히 틀린 말은 아니지만, 완전히 맞는 말도 아니라는 생각입니다. 왜냐면 그 아이는 원래 공부를 잘할 수 있는 자질이 뛰어난 아이였고, 거기다 부모가 이런저런 뒷받침을 적절히 잘했기 때문에 나온 결과니까요.

그런 아이는 아마 본인 스스로가 알아서 공부했어도 좋은 결과가 나왔을 겁니다. 공부에 특별한 흥미가 없거나 자질이 부족한 아이에게는 아무리 비싼 과외를 시켰어도 결과가 좋게 나올 수는 없었을 것입니다.

저희 집 아이 중 하나는 초등학교 6학년 1학기 때까지 교과목과 관련된 과외를 전혀 하지 않고 피아노와 미술 학원, 바둑 학원 등 본인이 관심 있어 하거나 미래의 행복에 필요한 과목들을 익혔습니다. 피아노도 어느 시점에 도달하니 힘들어하는 것 같아 그쯤에서 그만두게 하였습니다(이후 대학 생활을 하면서 다시 취미로 피아노를 치고 싶다고 하길래 다시 피아노 레슨을 받게 했습니다).

친구들이 다들 학원에 다닌다고 해서 "그럼 우리 한번 실험해 볼까?"라고 하면서 6학년 2학기 때 학원에 등록했지요. 이후 두 달이 지나고서 시험 성적을 보니 크게 향상되었습니다. 그래서 저는 "그래, 학원에 다니면서 공부하니 성적이 많이 향상되었구나! 너는 이처럼 학원에 다니면서 열심히 공부하면 더 좋은 성적을 받을 수 있다는 사실을 알았으니, 다음에 꼭 필요할 때 학원 수강을 하도록 하자."라고 말하고 다시 학원을 그만두게 했습니다.

두 달만 과외를 해 보고 그만두게 한 이유는 과외 없이 혼자 해도 별다른 문제가 없다고 보았고, 이다음 필요한 시기에 과외를 하면 도움이 될 수 있겠다고 생각했기 때문이지요. 그리고 더 큰 이유는 아직 과외보다는 미래의 행복에 도움이 되는 독서를 하거나 친형제는 물론 아파트 단지 내에 살고 있던 몇몇 사촌 형제와 같이 시간을 보내며 유대를 강화하고 이를 통해 심리적 안정이나 가족들과의 친밀감을 형성하는 것이 더 중요하다고 보았기 때문이죠.

그리고 한참 뒤의 이야기입니다만, 아내가 부탁했습니다.

"지금 고3인 저 아이가 공부는 하지 않고 새벽까지 컴퓨터를 하고 있으니 아빠가 나서서 꾸지람을 좀 하세요."

하지만 저는 모른 척하고 일체 간섭하지 않았습니다. 이유는 간단했지요.

'지금 저 아이의 나이가 몇인데 아빠가 간섭한다고 달라지겠는가!'

달라지지 않을 뿐 아니라 반발심만 더 커지고 부녀 사이만 더 나빠질 것이라는 생각이 들었지요. 게다가 이제 자신의 인생은 자신이 선택하고 책임질 수 있는 나이라는 생각이 들었습니다. 공부하지 않고 딴짓을 하다 목표하는 대학에 입학하지 못하는 것도 자신의 선택이고 운명이라는 생각을 했지요.

아내의 말을 듣고는 속이 쓰리고 아팠지만, 아무런 말을 하지 않고 그저 지켜보기만 했습니다. 사실 입이 간질거렸지요. 말하지 않고 참는다는 게 쉬운 일은 아니었습니다. 수능 시험이 끝나고 각 대학의 합격자 발표 후 우리 아이도 많은 이가 선망하는 유명 대학의 경쟁률 높은 학과에 무사히 입학했습니다. 그런데 이상하게도 S 대학을 비롯한 유명 대학에 합격한 친구들이 전국에서 우리 집으로 놀러 오기 시작했습니다.

"어, 이 친구들을 언제 사귀었니?"라고 묻자 딸은 "아빠, 제가 독서토론 동아리를 조직해 운영자로 활동을 했는데, 그때 인터넷

동아리에서 사귄 친구들이에요."라고 대답했습니다.

그 말을 듣는 순간 깜짝 놀랐습니다. 새벽까지 컴퓨터로 독서
토론방을 운영했던 겁니다. 참으로 대단하다고 생각했습니다. 이
렇게 스스로 열심히 노력하던 아이를 공부는 하지 않고 새벽까
지 컴퓨터 게임이나 하는 아이로 몰아서 꾸짖고 나무라기만 했다
면 어땠을까요?

부모가 아이의 모든 것을 통제하고 이끌어야 한다고 생각하기
보다는 마음을 단단히 먹고 덜 간섭하면서 자기의 능력만큼만
스스로 할 수 있도록 관심 있게 지켜봐 주는 것 역시 아이를 크
게 도와주는 일이라 생각됩니다.

> 요즘 학생들은 정규 시간에 배우고, 보충학습과 특강 시간에 배
> 우고, 그것도 모자라 학원에 가서 또 배운다. 오로지 배움만 있고
> 익힘이 없다. 익힐 시간이 없다. 한국개발연구원(KDI)에서 최근 발
> 표한 사교육 효과분석보고서에 따르면, 주당 30시간 이상 혼자
> 공부한 학생은 대학수학능력시험 점수가 언어, 수리, 외국어 영역
> 에서 각각 18%, 27%, 22% 상승한 반면, 사교육에 의존한 학생은
> 0.0007% 상승에 그쳤다고 한다. 그런데도 사교육을 외면하지 못
> 하는 이유는 사교육 효과에 대한 막연한 기대, 불안감을 조성하는
> 학원의 마케팅 전략, 잘못된 경쟁의식 등이라고 한다.[9]

---

9) 김선율, 『한마음장학회지 2011년 4월호』, 2011.

구체적으로 칭찬하라

칭찬은 언제, 어떻게 하는 것이 좋을까요?

일반적으로 "좋았어!", "잘했어!" 등의 칭찬을 받으면 기분은 좋으나, 뭉뚱그려 하는 칭찬이라 '뭐가 어떻게 좋았다는 거지?' 또는 '뭘 어떻게 잘했다는 거지?'라고 돌아서서 생각하게 됩니다.

칭찬은 구체적으로 해야 합니다. 구체적인 칭찬이 아닌 경우, 칭찬을 받는 이가 '칭찬을 받기는 했는데, 내가 무엇을 잘했다는 거지?'라고 어리둥절해한다는 거지요.

구체적인 칭찬은 내가 목표로 하는 구체적인 방향으로 아이를 계속 나아가게 할 수 있습니다. 바른 자세로 인사하는 아이를 보고 "너 참 착하구나!"라고 칭찬했다면, 이 아이는 어떤 생각을 하게 될까요? '내가 인사하니까 칭찬을 하는구나. 다음에 또 인사해야지.' 또는 '착하다는 말은 고마운데 뭐가 착하다는 거지?'라고 생각하겠지요.

하지만 이렇게 칭찬하면 어떨까요?

"너는 인사도 잘하고 인사하는 자세가 정말 바르구나!"

이 말을 들은 아이는 어떻게 생각했을까요? '아, 나를 칭찬하는데 두 가지로 했구나. 하나는 인사를 잘하는 것, 또 하나는 인사하는 자세가 바르다는 것이구나!'라고 생각하면서 집으로 돌아가서는 거울을 보고 몇 번이나 확인하면서 더 멋진 자세로 인사하는 연습을 하겠지요. 이처럼 구체적으로 칭찬하면 아이는 그 부분을 더 잘하기 위해 계속 노력합니다.

수업 중에 발표한 학생에게 선생님께서 칭찬을 한다면, 어떤 유형의 칭찬이 좋을까요?

"잘했어요!"라고 칭찬한 것과 "너는 발표 내용도 좋았고 또박또박 분명하게 발음해서 친구들이 잘 들을 수 있어서 참 좋았어요. 멋져!"라고 칭찬한 경우가 있다고 합시다.

첫 번째 유형은 추상적으로 잘했다고 했기 때문에 뭔가 칭찬은 들은 것 같은데 구체적으로 무엇을 잘했는지에 대한 명확한 메시지가 없었습니다.

두 번째 유형은 무엇이 좋았는지 칭찬 내용을 구체적으로 제시함으로써 확실한 메시지를 전했다고 할 수 있습니다. '내가 발표한 내용이 좋았고, 내가 분명하게 발음하여 내용을 친구들에게 잘 전달했구나!'라고 생각하고는 '다음에는 내용도 더 알차게 하고, 더욱 분명한 발음으로 잘 발표해야지.'라고 결심하게 되겠지요.

이처럼 부모님들도 일상생활에서 아이들을 구체적으로 칭찬하는 습관을 가져야 할 것입니다.

"너는 음식을 맛있게 먹어서 보기에 참 좋구나."
"너는 밝게 웃는 모습이 참 좋구나."
"너는 동생과 잘 놀아 주어서 엄마를 참 많이 도와주는구나. 고마워."
"너는 양말을 세탁하기 편하도록 벗어서 참 좋네."
"너는 자기 전에 스스로 잘 씻어서 좋아."

그리고 이런 칭찬은 아이가 바람직한 행동을 하는 즉시 해 줘야만 최대한의 효과를 볼 수 있다고 합니다. 따라서 아이가 바람직한 행동을 했던 그 순간을 놓쳐버리고, 한참 뒤에야 칭찬하게 되면, 그 효과는 훨씬 떨어지게 되겠죠.

아이의 요구에 여유롭게 대처하라

"그래, 한번 생각해 보자."라고 하고는 마음의 여유를 갖고 아이를 대해야 합니다.

아이들이 부모에게 어떤 요구를 하면 그 자리에서 "안 돼." 또는 "알았어."라고 답하는 광경을 종종 보게 됩니다. 어떤 경우에는 "네가 100점을 받으면 원하는 것 해 줄게!"라고 하는 부모들도 적잖이 있습니다. 아이들이 어떠한 요구를 하는 즉시 "그래, 알았어."라고 답하는 것이 좋은 방법일까요? 아니면 "안 돼."라고 하면서 그 자리에서 부정적인 답변을 하는 것이 좋은 방법일까요?

사안에 따라서 다를 수는 있겠지만, 아이들이 뭔가를 요구하면, 일단 "그래, 한번 생각해 보자(볼게)!"라고 말하는 것이 좋지 않을까 생각합니다. 아이의 요구를 들어주든 거절하든 그 결정을 내리기까지 어느 정도의 시간을 두고 요모조모 충분히 생각한 후 내린 결정이라는 것을 아이가 느낄 수 있도록 하는 것이 중요하다는 거지요.

아이가 요구하는 것이 꼭 필요한 것인지, 안전에는 문제가 없는지, 경제적 부담이 크지는 않은지 등 여러 가지 검토해야 할 사항이 있을 것입니다. 그리고 요구 사항과 관련하여 아이와 대화를 통해서 왜 필요한지, 다른 대안은 없는지 등을 서로 협의해야 합니다. 그러한 과정을 통해 집안의 화목을 다지고 부모와 자식 간에 막힘없이 의사소통하는 기회를 가질 수도 있는 겁니다. 이렇게 의도적으로 시간을 약간 끌면 아이들은 '아, 우리 부모님은 어떤 결정을 내릴 때 함부로 하시지 않고 여러 가지로 신중하게 생각하시는구나!'라고 느끼게 되겠지요.

그리고 요구하는 것마다 무조건 다 들어주지는 않는다는 사실을 느끼게 하는 것도 중요한 일이 아닌가 생각됩니다. 경제적으로 여유가 있다 해서 아이들이 요구하는 것을 무조건 들어주면 아이가 세상 물정을 모르고 지나친 낭비나 사치를 하는 등 나쁜 생활 습관을 가진 어른으로 성장할 우려가 있습니다.

예를 들어 아이가 자전거를 사 달라고 졸라 댄다고 합시다. 어느 부모는 그 자리에서 "안 돼!" 또는 "그래, 알았어!"라고 말하고, 어떤 부모는 "시험에서 100점 받으면 사 줄게!"라고 말하는 등 여러 가지로 반응할 것입니다.

이때 "그래, 한번 생각해 보자!"라고 말하는 겁니다. 시일을 두고 생각하면서 왜 사려고 하는지, 자전거를 샀을 때 위험성은 없는지 검토해 보아야 하겠지요. 그리고 경제적으로 가정에 큰 부담은 되지 않는지 등 부부가 서로 의논해야 할 일도 있을 것입니다.

또한, 아이와 함께 대화하면서 꼭 사야 하는지 서로 의견을 교환하고 검토하는 시간을 가지는 것은 상당한 의미가 있다 하겠습니다. 이는 기분에 따른 즉흥적 결정이 아니라 대화와 격의 없는 소통을 통해 문제를 해결하는 바람직한 가족 문화가 형성된다는 측면에서도 권할 만한 방법이 아닌가 생각됩니다.

서로 무리한 감정을 배제하고 작은 문제라도 가족 간의 공동사고를 거쳐서 결정하게 되면 아이들의 안정적인 정서 발달에도 큰 도움이 될 것이라 봅니다.

각자의 의견을 스스럼없이 말하고 표현할 수 있는 가정 분위기를 만들어 가는 것은 아이들의 올바른 성장에도 여러 가지로 좋은 영향을 끼칠 수 있을 것입니다.

인성 교육이 먼저다

물질문명이 고도로 발달하고 정보가 홍수처럼 생산·공급되는 현대에는 새로운 직업이 생겨나고 소멸하는 주기가 상상을 초월할 정도로 빨라지고 있습니다. 우리네 인생살이를 돌아보면 빠르게 변화하는 세상 속에서도 눈앞에 보이는 짧은 승부를 겨루는 경우보다는, 먼 장래까지 내다보는 승부에서 승리한 자가 진정한 승자라는 사실을 익히 알고 있습니다.

본인은 물론 가족을 잘 부양하고 성공적인 삶을 이어 가려면 실력을 갖추어 자신의 전공 분야에서 인정받는 것은 매우 중요한 일일 뿐 아니라 기본이라고 할 수 있죠.

하지만 그것이 전부는 아닙니다. 겸손하고 예의 바르며 성실하고 남을 배려하는 등 인품까지 좋은 사람이라면 정말 매력있는 사람이라 하겠지요. 아무리 실력이 뛰어나다 할지라도 인품이 따라가지 못한다면 남들로부터 좋은 사람으로 인정받기는 어려울 것입니다. 시대와 공간을 초월하는 또 하나의 실력은 바로 인성입니다.

근래에 들어 인성 교육을 상대적으로 등한시하는 경우가 적지 않은 것 같습니다. 바르고 매력적인 인성은 체험하고 실천하면서 몸에 배게 해야 하는데 아이들에게 공부, 공부, 오로지 공부만을 요구하는 것이 문제라면 문제이지요. 공부만 열심히 한 아이가 멋진 청년이 되고 멋진 어른이 될까요?

정말 걱정되는 부분입니다. 바른 가치관을 가지고 타인을 배려하며 매너와 예의를 갖춘 멋진 사람이 된다면 상대가 그 사람의 가치를 먼저 알아볼 것입니다. 대개의 경우 그 사람의 표정, 몸짓, 말씨를 통해 그 사람됨을 거의 알아볼 수 있습니다. 싹수가 보이는 사람인지 아닌지를 짐작할 수 있다는 말이지요.

저는 학교에서 아이들에게 인사 지도를 중히 여기며 지도하는 편이었습니다. 왜냐하면 인사하는 말투나 몸짓 등의 태도를 보면 그 사람을 대충 짐작할 수 있기 때문이지요. 단 몇 초간의 짧은 순간에 이루어지는 인사만으로도 그 사람이 싹수가 있는 사람인지 아닌지 또는 될성부른 사람인지 아닌지를 거의 짐작할 수 있지요.

인사는 상대를 인정하는 것입니다. 그리고 상대를 존중하고 귀하게 대하는 것입니다. 인사를 잘한다는 것은 인사를 받는 사람이 인사하는 사람의 진정성을 느끼게 하는 것이지요. 내가 진정으로 상대를 인정하면서, 귀하게 대하는 말투와 태도를 보이는 것이 좋은 인사법이라 할 수 있을 것입니다. 그리고 내가 상대를 귀하게 여기고 인정할 줄 아는 사람이어야만 나도 상대에게 인정받고 존중받을 수 있는 거지요.

인사성 하나가 당신이 교양을 가진 사람인지 싹수가 있는 사람인지 말해주고, 용모나 옷차림 하나가 당신이 얼마나 준비된 사람인지 말해준다.[10]

인사는 그냥 형식에 불과한 것이 아니다. 한 존재에 대한 인정이자 존중의 표현이다. 내가 너를 알고 있고, 내가 너를 한 사람으로 존중한다는 신호이다.[11]

정말 맞는 말이지요.

상담하러 오신 학부모의 표정이나 몸가짐, 태도, 말씨 등에서 그분의 아이에 대한 교육관을 미루어 짐작할 수 있는 경우가 많습니다. 부모를 보면 그 집 아이가 어떤 아이인지를 거의 알 수 있다는 말이죠. 그리고 아이를 보면 그 집 부모가 어떤 사람일지 많은 부분 짐작할 수 있습니다. 그만큼 부모는 아이에게 많은 영향을 주는 분이죠.

---

10) 전옥표, 『이기는 습관』, 쌤&파커스, 2007.
11) 전옥표, 앞의 책.

결재를 받으러 오는 직원들이 교장실 문을 열고 들어올 때부터 결재판을 내밀고 결재를 받은 후 나갈 때까지의 태도나 말씨, 표정 등을 순간적으로 살펴보게 됩니다. 그때 이미 이 사람은 어떤 사람인지를 거의 알 수 있지요. 이때 받은 인상이 오랫동안 기억에 남는 경우가 많습니다.

이처럼 그 사람의 태도와 인사성은 대단히 중요한 인성 덕목이라 할 수 있습니다. 인사 하나만이라도 똑 부러지게 잘한다는 것은 성공적인 사회생활의 첫 관문을 무사히 통과한 것이 아닌가 생각됩니다.

어쩌면 최선을 다하는 성실한 태도와 상대를 인정하고 배려하는 등의 기초적인 인성 교육이 자식을 성공적인 삶으로 이끄는 또 하나의 열쇠가 아닌가 하는 생각이 듭니다. 인성은 앎을 실천으로 옮기게 합니다.

㈜교세라의 이나모리 회장은 '성공=능력×노력×태도'라는 방식을 제안했고, 태도는 '+'와 '-'로 표시했습니다. 아무리 능력과 노력이 많아도 태도가 부정적이면 결과는 마이너스 성공, 즉 실패라는 뜻입니다. 그리고 "인성은 서비스 산업 시대에 인재가 갖추어야 하는 필수 실력인 동시에 '윈-윈' 네트워크 시대의 리더십"이라고[12] 말합니다.

---

12) 조벽, 앞의 책.

정직성을 키우기 위한 전략의 예로 저희 집 아이들은 용돈 관리를 통해 정직성을 길러 봐야겠다고 생각하고 세부 계획을 세웠습니다.

초등학교 1학년 때는 하루에 100원씩 주었습니다. 그리고는 100원으로 무엇을 사 먹었는지 물어봤습니다. 그리고 어느 정도의 기간이 지나고 나서는 1주일에 700원씩을 주었습니다. 그러고는 "한꺼번에 일주일분을 주니까 어때?"라고 질문했습니다. 그랬더니 "좋아요."라고 답했습니다. 다시 상당한 시간이 지나고 나서는 보름치를 한꺼번에 주면서 지출 내용을 용돈 기입장에 기록하게 했습니다. 이후에는 한 달 용돈으로 5,000원 정도 주면서 계속 용돈 기입장을 기록하게 했습니다. 이때 거실 한쪽에 100원짜리 동전 바구니를 두고 혹시 용돈이 모자라거나 특별히 써야 할 경우, 거기에 있는 잔돈을 임의로 쓰게 하면서 바구니의 동전을 세심하게 관찰했지요. 아이에게 여유로움을 주면서 자율 결정으로 꺼내 쓰게 한 것입니다. 사정이 생겨 바구니의 동전을 썼을 경우에는, 차후에 그 이유를 말하게 했습니다. 이러한 시스템이 자연스레 작동되면서 아이들에 대한 신뢰가 깊어졌습니다. 또한, 아이들도 용돈이 모자라 부모의 눈치를 보거나 부모의 지갑을 몰래 열지 않는 정직한 아이가 되어 갔습니다.

아이들은 자기중심적으로 사고한다

학교에서 친구 사이에 장난이 지나쳐서 놀다가 티격태격 싸우는 경우가 있습니다. 이럴 때 선생님은 관계되는 아이들을 불러서 상황을 알아보게 됩니다.

"왜 싸웠니? 먼저, 영수. 너부터 차근차근 이야기해 봐."

"가만히 있는데 철수가…."

"다음에는 철수가 말해 봐."

"그냥 있었는데 영수가…."

"그래? 둘 다 가만히 있는데 어떻게 싸움이 시작됐지? 그래, 더할 말은 없어?"

선생님은 이렇게 차근차근 두 사람의 이야기를 다 들은 후에 잘잘못을 가리는 '판결'을 내립니다.

교실에서는 이런 일이 하루에도 몇 번씩 일어납니다. 둘 다 가만히 있었는데 어떻게 다툴 수가 있을까요?

집으로 돌아간 영수와 철수는 각각 본인 입장에서 부모님께 오늘 학교에서 있었던 일을 말하고 억울함을 호소합니다. 부모들은 자기 아이의 말만 일방적으로 듣게 되면서 화를 참지 못합니다. 아이의 이야기만 듣고 우리 집 아이가 전혀 잘못한 것이 없으며, 일방적으로 당한 것이라 여기는 거죠. 그럼에도 선생님은 우리 아이의 편을 들어주지 않았던 것입니다. 생각할수록 선생님이 밉고 괘씸한 거죠.

거기다 선생님에 대한 여러 가지 오해까지 더해져서 격렬한 항의를 하게 됩니다. 그런데 실상을 알아보면 집에서 부모에게 한 말과는 상당한 차이가 있는 경우가 많습니다.

막상 선생님이 항의하러 오신 학부모에게 "사실은 이러저러해서 싸움이 시작됐고, 그러저러하다 보니 댁의 아이도 이러한 면에서는 잘못이 있습니다."라고 말하면 부모님들은 대게 이렇게 말합니다.

"아이들은 거짓말을 하지 않습니다."
"그럼 우리 아이가 제게 거짓말을 했다는 말씀입니까?"
"특히나 우리 아이는 거짓말을 하지 않습니다."

단호하게 말하면서 억울함을 호소하곤 합니다. 물론 아이들이 순수하기는 하지요. 하지만 이맘때의 아이들은 매사에 '자기중심적'으로 사고하고 말합니다. 그런 부분을 이해하지 못하는 상황에서 선생님이나 상대편 부모와 감정이 격해져서 아이 싸움이 어른 싸움으로 번지는 경우도 종종 있지요.

아이로부터 그런 말을 전해 듣고는 "너는 아무 잘못도 없는데 걔가 너를 괴롭힌다는 말이지?"라며 곧바로 크게 화를 내기보다는 "그런 일이 있었구나. 엄마가 선생님께 자세한 내용을 알아봐야겠구나."라고 말하며 아이의 말을 참고로 하여 선생님께 직접 전화하거나 만나 뵙고 상황을 들어 본 뒤에 판단하는 것이 좋지 않을까 생각합니다.

0교시 수업을 거부한 아이

저희 집 큰아이가 고3이던 때의 이야기입니다.

아이가 다닌 학교는 집에서 1㎞ 정도 되는 거리에 있었습니다. 걸어서 다녔지요. 그런데 거의 매일 지각을 하는 겁니다. 지금은 어떤지 모르겠지만 그 당시 고3 학생들은 아침에 0교시라 해서 1시간 일찍 등교하여 스스로 공부하는 자율 학습 시간이 있었습니다. 반강제로 거의 모든 학생이 참여하는 방식이었지요. 아마 해당 선생님들도 학생 관리를 위해 그 시간에 출근하셨던 것으로 기억됩니다.

아이에게 물었지요.

"너는 왜 그렇게 지각을 하니?"

"아빠, 제가 왜 0교시 수업을 해야 하는지 모르겠어요. 저는 0교시 수업이 오히려 방해가 되는 것 같아 참여하지 않으려고 해요."

0교시 수업이 시작되는 시간이 지나면 교문을 닫고 작은 쪽문을 열어 두면서 지각생을 잡기 시작합니다. 지각생들에게는 운동장에서 오리걸음이나 토끼뜀을 시키는 등 벌을 세우면서 생활 지도를 했던 것으로 기억합니다. 그러한 벌을 감수하고서라도 참여하지 않고 지각을 하겠다는 아이에게 더 이상 다른 말을 할 수가 없었습니다. 아마 교실의 면학 분위기가 아이의 마음에 들지 않았거나 그보다는 집에서 본인 시간을 더 갖고 잠을 더 자 두는 것이 훨씬 나을 거라는 생각을 했을 것으로 보았지요.

"그랬구나, 너의 생각이 그렇다면 너의 생각대로 해야지."

그런 이후 아이는 1년 내내 0교시 수업에 참여하지 않고 지각을 한 것으로 압니다. 이런 경우, 독자 여러분은 어떻게 대응했을 것 같은가요? 대체로 많은 분은 아침부터 아이와 신경전을 벌이며 싸움을 했을 것입니다.

"등교 시간 다 됐는데 아직도 일어나지 않고 뭐하니?"
"빨리 밥 먹고 학교 가야지."

서둘러 등교 준비를 하지 않는 아이에게 고함도 질러 보고 달래기도 하고 협박도 해 봅니다. 그럼 집안 식구 모두의 신경이 날카로워집니다. 아침부터 식구들이 스트레스를 한껏 받는 거죠.

그러면서 잔소리를 늘어놓기 시작합니다. 그렇게 해도 아이의 고집을 꺾을 수 없는 부모는 거친 말들을 쏟아 냅니다. 그에 따라 아이도 가만있지는 않죠.

이러다 보면 서로 감정이 격해지게 되고 아침부터 서로의 마음에 생채기만 남게 됩니다.

매일 아침 이러한 전쟁 아닌 전쟁을 치러야 하겠지요. 부모의 관점에서는 아이의 이러한 행동을 도저히 봐줄 수가 없는 거죠. 부모의 기준에서 도저히 용납되지 않는 것입니다.

'학생이 이렇게 자주 지각을 할 수 있단 말인가?'
'학생은 학교의 규칙을 순순히 따라야지, 이게 무슨 짓인가?'

잘 알지 못하는 학교 규칙까지 들먹이며 아이를 꾸짖고자 합니다. 이것 또한 고정관념은 아닐까요? 아이의 입장에서 생각해 보면, 본인으로서는 지각을 할 만한 충분한 이유가 있는 것입니다. 그리고 그에 따른 벌칙도 감수하겠다는 결심을 한 것입니다. 아이의 생각이 부모의 생각과 다르다고 해서 "그건 아니야. 그건 나쁜 생각이야."라고 단정 지어 말을 해야만 할까요? 아이의 생각을 들어 보고 본인이 여러 가지를 감안하여 종합적으로 판단하고 결정했다면 그 결정을 지지해 주는 것도 나쁘지 않다고 봅니다.

생각을 조금만 바꾸면 많은 문제가 해결될 수 있습니다. 아이의 자율적 판단을 믿고 신뢰하는 분위기를 만드니 좋고, 아침마다 일찍 깨워야 하는 전쟁 아닌 전쟁을 하지 않아서 좋고, 부모와 자식 간 감정이 상하지 않아서 좋은 등 여러 가지 면에서 결코 나쁠 것이 없다는 것입니다.

부모의 생각을 끝까지 고집하는 것도 어쩌면 지나친 욕심은 아닐까요? 부모가 가진 고정관념을 무조건 고집하는 것은 지나친 욕심이라는 생각이 듭니다. 부모는 부모대로 본인의 고정관념을 방패 삼아 고집을 꺾으려 하지 않고, 아이는 아이대로 강한 신념으로 무장하여 고집을 꺾지 않는 상황으로 서로 부딪히다 보면 감정만 상하게 될 것입니다.

부모는 '지각이란 이유 여하를 막론하고 나쁜 것'이라는 고정관념의 틀에 갇혀 있어 그에 반하는 행동을 하는 아이를 참지 못하는 겁니다. 본인이 생각하는 틀을 벗어나는 것은 힘들기 마련입니다. 그러다 보니 그 생각의 틀을 벗어난 행동을 하는 아이를 그냥 두고 볼 수 없는 것입니다. 반드시 일찍 깨워서 정해진 시간 안에 학교에 보내야만 하는 것이지요.

그런 부모 때문에 아이는 아이대로 힘듭니다. 쉽게 생각하면 아무 일도 아닌 것을 두고 매일 아침 신경전을 벌여야 합니다. 이 문제가 힘들게 신경전까지 벌여야 할 일일까요?

부모의 말대로 0교시를 빼먹지 말고 일찍 등교해서 참여하자니 아이가 너무 힘든 것입니다. 교실은 면학 분위기가 전혀 아닌데, 그것도 스스로 참여하는 형식을 취한 반강제적 방법이라 더욱 힘든 거죠. 그 시간에 집에서 저녁 공부를 위해 잠을 더 잘 수도 있고, 혼자서 집중하여 더 공부할 수도 있는데 자꾸 학교에 가라 하니 그게 힘든 겁니다.

0교시에 참여하는 것보다 참여하지 않는 것이 여러모로 본인에게 편하고 유리하다는 생각을 했다면 아이의 의견을 지지해 주는 것도 나쁘지 않다는 생각입니다. 0교시를 참여하지 않았을 때 받을 수 있는 벌칙까지도 감수하겠다는 아이의 생각을 무조건 무시할 수는 없으니까요. 앞에서 잠시 언급한 바와 같이 우리 아이는 새벽까지 독서토론방을 운영했던지라 시간도 잠도 많이 부족했을 것입니다. 아니면 집에서 집중하여 공부했겠지요.

어쨌든 아이의 생각을 존중해 주고 보니 걱정거리가 없어졌습니다. 등교 문제와 관련하여 신경 쓸 일이 없어진 거죠. 관련한 모든 부분은 아이가 스스로 선택하고 책임질 몫이라 집에서는 전혀 문제가 없었던 거죠. 그렇게 시간이 흘러 수능 시험을 치고 졸업이 가까워진 어느 날, 대학 입시 원서를 쓰기 위해 학교에 아내와 같이 온 아이를 보고 교감 선생님께서 한 말씀을 하셨다고 합니다.

거의 매일 지각을 하는 특별한 학생이라 교감 선생님께서 아이 얼굴을 익혔겠지요. "교감 선생님은 네가 그렇게 공부를 잘하는 아이인 줄 몰랐다."라고 했답니다. 아마 선생님들끼리 교무실에서 이야기가 있었겠지요. 매일 지각하는 그 여학생이 그해 수능 시험에서 매우 좋은 성적을 받았다고….

좋은 부모 되기 연습 Ⅰ

내 아이 바로 알기가 먼저다

부모들은 내 아이에 대한 환상을 가지고 있습니다.

'열심히만 한다면 내 아이는 최고로 잘할 수 있을 거야!'

그래서 부모는 뭐든 최고로 해 주고 최선을 다해 뒷바라지를 합니다. 그렇게 몇 년을 보내고 유치원을 거쳐 초등학교에 보냈는데도 부모가 노력한 만큼 아이가 따라 주지 못하면 부모는 슬슬 뒤로 물러나게 됩니다. 때로는 부모의 기대에 부응하지 못하는 아이가 밉고 짜증이 납니다.

그렇습니다. 부모가 노력한 만큼 된다면 우리나라의 모든 아이가 공부도 잘하고 예체능도 잘해서 소위 말하는 일류 대학에 다들 합격하겠지요.

하지만 실제는 어떨까요? 영국 킹스칼리지런던의 카일리 림펠드 박사와 미국 텍사스대 마게리타 마란치니 박사 연구팀은 "학생들의 학업 성취도는 70%가 유전자에 의해 좌우된다."라는 연구 결과를 발표했다고 합니다.[13] 이러한 연구 결과를 두고 생각해 본다면, 유전자가 학업에 유리한 아이와 그렇지 않은 아이는 기본적으로 차이가 날 수밖에 없습니다.

유시민 작가의 책에도 이런 내용이 나옵니다.

> 더 어렸을 때 막내는 자기가 박지성이 될 것임을 확신했다. 누가 장래 희망을 물으면 한순간도 망설이지 않고 대답했다. 열심히 하기만 하면 무엇이든 다 되는 줄 알았던 것이다. 열정과 재능의 불일치가 빚어내는 인생의 비극을 어린아이에게 설명하기란 쉽지 않다.[14]

그런데 우리의 부모님들은 아이들이 열심히만 하면 뭐든 다 잘할 수 있다고 믿습니다. 불행은 여기서부터 시작입니다. "먹을 거, 입을 거 아껴 가며 비싼 학원비 대 주고 따뜻한 공부방도 마련해 줬는데 성적이 이렇게밖에 안 나오다니!"라고 다그치는 부모에게는 도대체 할 말이 없어집니다.

'내 아이는 학업 성적과 관련해서는 이만큼의 수준이구나.'

---

13) 아이 학교성적 70% 부모 유전자가 결정, 조선일보, 2018.9.7.
14) 유시민, 『어떻게 살 것인가』, 생각의길, 2013, 169쪽.

'내 아이는 달리기 종목에서는 이만큼의 수준이구나.'

'내 아이는 무용과 관련해서는 이만큼의 수준이구나.'

이런 점을 인정할 줄 아는 부모야말로 진정한 고수라 할 것입니다. 아이의 능력과 부모의 기대치 간에 격차가 크면 클수록 아이와 부모가 느끼는 불행의 강은 깊어지겠지요.

부모의 기대 수준에서 아이를 보게 되면 턱없이 부족합니다. 그러니 아이를 채근하고 짜증이 나는 것입니다. 그리고는 잔소리, 또 잔소리를 합니다. 부모로서는 욕심을 채워 주지 못하는 자식이 서운한 겁니다. 그리고 자식은 뭘 모르면서 무작정 더 열심히, 더 잘해야 한다고 등 떠미는 부모를 원망하게 되는 거죠.

최선을 다하고 있는 아이에게 더 잘하라는 요구를 계속한다면 부작용이 나타날 수밖에 없습니다. 물론 더 노력하면 더 높이 올라갈 수 있는 아이도 있을 것입니다. 하지만 모두가 노력한다고 해서 더 높이 올라갈 수는 없는 거죠.

그러한 사실을 인정하는 순간 "그래, 힘들게 이만큼 하느라 고생했다."라는 말도 할 수 있고, "그래, 너는 최선을 다하고 있구나."라고 칭찬해 줄 수도 있을 것입니다.

조금 부족한 듯하나 아이로서는 최선을 다하고 있음을 알아야 합니다.

김홍신 작가의 책에 이런 대목이 나옵니다.

어느 대기업 사장이 이렇게 말했습니다. "바람을 마주 보고 맞으면 逆風이지만 뒤로 돌아서서 맞으면 順風이 된다." 생각을 바꾸면 세상이 바뀝니다. 그런데 우리는 세상이 바뀌고 상대가 바뀌기를 원합니다. 그것도 내가 원하는 만큼씩 바뀌기를 바랍니다.[15]

이렇게 아이의 현재 상황이나 수준을 인정하면 세상이 달리 보이는 것입니다. 내 아이가 이만큼임을 인정하는 순간 세상이 달라진다는 말이죠.

그때부터 부모는 '내 아이에게 더 많은 것을 요구해서는 안 되겠다.'라는 생각을 자연스레 갖게 될 것이고, 아이가 할 수 있는 만큼에서 만족해야 함을 자각할 수 있을 것입니다.

---

15) 김홍신, 『인생사용 설명서』, 해냄출판사, 2009, 165쪽.

누구나 열심히 공부하면 1등 할 수 있을까

참으로 쉽지 않은 문제입니다.

어느 집이나 아이 엄마는 "너 숙제 다 했어?", "학원 갈 시간이다. 서둘러 챙겨라."라는 말을 외치면서 공부를 다그칩니다. 그 외에도 이런 말들을 합니다.

"열심히 공부해야지! 그래야 훌륭한 사람이 되지."
"공부 안 하고 또 뭐하니?"

제가 어릴 때부터 들어 온 이야기인데, 아직도 많은 가정에서는 이러한 부모님의 잔소리가 반복되고 있습니다. 대한민국 거의 모든 아이가 들어 온 이 말들에 부모님의 간절한 소망과 기대가 함축되어 있습니다.

아이들은 초등학교를 시작으로 고등학교 3학년까지 거의 매일 이러한 말을 들으면서 살아갑니다. 부모님들의 말씀처럼 이렇게 열심히만 하면 정말 다들 성적이 오르고, 바라는 대학에 들어갈 수 있을까요?

열심히 공부하면 그만큼 성적이 오르는 아이가 있는가 하면, 아무리 열심히 공부해도 어느 정도 이상으로는 성적이 오르지 않는 아이도 있을 수 있습니다. 특별히 공부를 잘하는 유전자를 타고난 아이가 있다는 거죠. 그리고 아무리 열심히 하겠다고 책상에 앉아 있어도 집중력이 따라 주지 않는 아이도 있는 겁니다.

이것은 부모님들의 욕심만으로 해결될 문제는 아니라고 봅니다. 여기서 『논어』에 나오는 이야기를 잠시 해 보겠습니다.

공자왈, 부지명 무이위군자야(不知命 無以爲君子也) 부지례 무이립야(不知禮無以立也) 부지언 무이지인야(不知言無以知人也)라는 이 세 구절은 묘하게 '不知'로 시작합니다. 부지명, 부지례, 부지언, 세 가지 알지 못함에 대한 내용이라 '삼부지'라고도 합니다.

이 가운데 命 자를 살펴보겠습니다. 예를 들어서 옥황상제가 "너의 수명은 70이다."라고 말한다면 70세까지 살 수 있다는 이야기입니다. 71세는 허용되지 않는 거죠. 수명은 내가 이 세계서 살 수 있는 최대치입니다. 그러면 결국은 '命'을 모른다는 것은 내 삶에 있어서 최대치를 모르는 것이므로 군자가 될 수 없다는 것입니다. 각자가 가지고 있는 자기 한계, 즉 자신이 도달할 수 있는 최대치를 모르면 자신을 괴롭히고 가족을 괴롭히고 주위 사람을 괴롭힙니다. 자기 한계를 인정하면 모두가 행복해집니다. 그래서 『논어』

에서는 命을 모르면 한 사회를 이끌어 갈 수 있는 사람이 되지 못한다. 자기 삶을 이끌어 갈 수 없다. 이끌어 갈 수는 있지만 고달프게 이끌어 가다가 나중에는 결국 불행해진다고 말합니다. 『논어』는 이러한 한계를 아는 것을 강조하면서 끝을 맺습니다.[16]

이러한 내용으로 미루어 볼 때 자신의 능력 이상을 바라는 것은 자신을 물론 주변 사람들까지 힘들게 한다는 것을 알 수 있지요.

그러면 어떻게 해야 할까요?

답은 오히려 간단하다고 봅니다. 부모님들의 생각을 바꾸면 되는 것이지요. 먼저 내 아이의 능력과 수준 그리고 가능성을 가늠해 보는 것이 필요할 것입니다. 그에 기초하여 기대 수준을 적절히 조정해야 할 것입니다.

이러한 일련의 과정을 거쳤다면, 이제부터 부모와 아이 모두에게 행복한 시간이 시작되는 것이지요.

부모는 자신이 일방적으로 정해 놓은 따라갈 수도 없는 높은 수준의 목표를 강요할 필요가 없으니 행복할 것입니다. 아이와 협의하여 도달 가능한 목표를 정하고, 차근차근 공부해 나가는 모습을 보면 아이가 대견스럽고 그로 인해 행복하지 않을까요?

아이의 입장에서는 도달 가능한 목표를 세워 두고 공부해 나갈

---

16) 강신주 외, 『인문학 명강』, 21세기북스, 2013.

수 있어서 무리하지 않아도 되니 행복한 일이지요. 자신의 능력으로 할 수 있는 만큼의 공부를 즐겁게 하니 행복한 일이 아닐까요? 부모님의 기대 수준이 조정되어 작은 일에도 칭찬을 받을 수 있으니, 이 또한 행복한 일이 아닐 수 없지요.

떡잎부터 다른 아이가 있다

1970년대 중반, 제가 초임 교사이던 시절의 이야기입니다.

그 시절에는 학년 초에 가정 방문 기간이 있어 아이들의 가정 환경이나 집안의 분위기를 훤하게 파악할 수 있었지요. 저는 1학년 담임을 맡았는데, 반 아이 중에 철수라는 아이가 있었습니다.

철수는 위로 고등학교 3학년, 중학생, 초등학교 5학년 누나 셋이 있었습니다. 아빠가 회사원인, 빠듯한 살림을 하는 평범한 가정이었습니다. 철수의 엄마는 밝으면서도 시원시원한 성품으로 주변 학부모들로부터 언니라 불리며 신뢰를 받는 사람이었고, 무리하거나 과한 행동을 하지 않는 착실한 가정주부로 보였습니다.

철수는 집안에서 딸 셋 뒤에 낳은 아들이라 가족들로부터 특별한 사랑을 받으며 자라는 것 같았습니다. 그리고 친구들과도 사이좋게 지내며 수업 중에는 물론 놀이 시간에도 항상 밝은 표정으로 즐겁게 몰입하였고 자신감도 있는 것 같았지요.

특별하지는 않았지만, 철수의 행동은 여유로운 가운데 민첩하였고 일관성도 있었으며 꾸준하였습니다. 항상 밝은 표정으로 매사에 흥미를 갖고 부담 없이 맡은 일은 스스로 척척 해내니 그 자체로 하나의 리더십을 만들어 내는 것 같았습니다. 그러다 보니 자연스레 철수는 반 아이들의 중심이 되는 것 같았지요.

저는 학년을 마칠 때쯤 교실 청소를 도우러 오신 철수 엄마에게 한마디 말을 던졌습니다.

"철수 어머니, 철수는 앞으로 엄마가 공부하라는 말만 하지 않는다면 S 대학에 갈 아이입니다."

"예? 그게 무슨 말씀이세요?"

"철수는 밝은 성격에 건강하면서 민첩하고, 매사에 집중하면서도 힘들어하지 않는 아이입니다. 그리고 스스로 잘할 수 있는 아이라 특별히 간섭하지 않아도 멋지게 성장할 겁니다."

그 후 저는 다른 학교로 전근을 갔고, 한동안 그 일을 잊고 지냈지요.

세월이 많이 흐른 어느 날, 철수 어머니로부터 한 통의 전화가 왔습니다.

"선생님, 우리 철수가 S 대학교 상과 대학에 합격했습니다."

"철수 어머니, 정말 잘됐네요. 축하합니다!"

저는 그 소식에 같이 기뻐했습니다. 그때 철수 어머니께서는 이렇게 말했습니다.

"그런데 선생님, 11년 전 겨우 초등학교 1학년짜리인 우리 철수를 보고 S 대학을 갈 아이라고 하셨는데, 어떻게 그걸 알 수 있었나요?"

저는 망설임 없이 대답했습니다.

"철수 어머니, 우리는 보면 압니다!"

그렇습니다. 아이를 보고 부모를 보면 그 아이가 어떻게 자랄 것인지 거의 알 수 있지요. 그 당시 저는 20대 중반, 초보 선생님이었습니다.

40여 년이 지난 지금 생각해 보면, 저 스스로가 정말 믿기지 않을 정도로 대견스럽기도 합니다. 특별히 교직 경험이 많은 것도 아니었는데 어떻게 그런 확신에 찬 말을 할 수 있었던 것인지….

아마 여태껏 살면서 보아 온 주변 친구들의 성장 모습을 비롯하여 반 아이들의 다양한 생활 모습이나 부모의 성품을 포함한 가정환경, 아이의 성향, 성격 특성 등을 유심히 살펴보면서 교육학이나 심리학 이론 등을 종합한 나름의 직관이랄까, 영감을 토

대로 판단하지 않았나 싶습니다.

　돌이켜 생각해 보면, 대학 때 공부한 심리학과 교육학 같은 학문이 정말 대단하다고 느껴졌습니다. 그러한 이론을 학교 현장에서 하나하나 적용하며 어린아이들과 하루하루를 지내 왔던 교직에서의 생활이 정말 신비로우면서도 재미있었습니다. 그리고 아이들과 보냈던 교실에서의 시간은 엄청난 희열을 느끼는 순간의 연속이었습니다.

　철수는 지금 40대 중반을 넘어선 나이일 텐데, 어디서 어떻게 살고 있을까요?

리더십을 키우겠다는 엄마와의 대화

몇 년 전 어느 날, 교장실로 한 통의 전화가 왔습니다.

"교장 선생님, 저는 학부모입니다. 아이의 교육과 관련하여 조언을 구하고 싶어 교장 선생님을 뵙고 싶습니다. 시간을 좀 내어 주실 수 있겠습니까?"

"예, 언제든 사전에 연락하고 오시면 되겠습니다."

이렇게 하여 아이의 엄마와 면담을 하게 되었습니다. 아빠는 사업가이고, 엄마는 외국에서 예술 관련 공부를 하신 분으로 가정주부였습니다. 중류 이상의 생활을 하는 분으로 보였고, 태도나 화법 등이 세련되면서도 품위가 느껴지는 분이었지요.

"교장 선생님, 먼저 이렇게 시간을 내어 주셔서 감사합니다."

"아닙니다. 저는 교육 문제로 이렇게 상담하는 걸 좋아하는 편입니다."

이렇게 하여 아이 엄마와의 대화가 계속되었습니다.

"어떤 문제 때문에 걱정하시는 거죠?"

"예, 교장 선생님. 저는 우리 아이를 리더십이 강한 아이로 키우고 싶은데 아이가 잘 따라 주지 않아서 걱정입니다."

"아, 그렇군요. 엄마의 어떤 부분을 따르지 않나요?"

"전 학년에는 학급 반장을 했는데 이번 학년에는 반장 선거에 출마하지 않겠다고 해서 속이 상합니다."

"그렇군요. 무슨 이유가 있을 텐데, 이유가 뭔지는 물어보셨나요?"

"아마 반 친구들까지 챙겨야 하니 여러 가지 귀찮은 일들이 있어 그런 모양입니다."

"음, 그럴 수도 있겠네요."

저는 아이 엄마에게 이런 얘기를 전했습니다.

'~했으면 좋겠다.'와 '~해야만 한다.'는 큰 차이가 있다. 단순히 바라는 마음은 '소원'에서 그치기 때문에 우리를 힘들게 하지 않는다. 반면 '~해야만 한다.'는 생각은 긴장감을 유발하며 즐거움을 빼앗아 간다. 의기소침해져 스스로를 탓하고 몰아붙인다. 행운이 오는 길을 봉쇄한다. 이른바 'should의 감옥'이다. 'should의 감옥'은 욕심에서 비롯된다. 한번 감옥에 갇히면 가능한 것과 가능하지 않는 것을 구분하지 못하게 된다. 가능하지 않은 것에 집착하고 욕심을 부린다. 지나치게 서두르며 작은 노력을 무시, 한 번에 이루는 방법을 추구하게 된다. 행운은 이런 사람에 대해 불쾌감을 드러낸다. 행운이 '이럴 수도 있고, 저럴 수도 있는' 가능성 그 자체이기 때문이다.[17]

이 이야기를 듣자 아이 엄마도 공감을 표시했습니다. 그리고는 대화를 계속 이어갔습니다.

"그럼, 제가 아이를 한번 만나 볼까요? 언제 한번 심부름을 보내 보시죠."

그렇게 하여 아이를 만나 보았다.

"그래, 심부름을 왔구나! 거기 앉아 봐. 이름이 뭐지?"
"예, 김영수입니다."
"음, 그렇구나. 영수는 몇 학년 몇 반이지?"
"예, 5학년 1반입니다."

---

17) 연준혁·한상복, 앞의 책.

"담임 선생님은 어느 분이시지?"

"네, 송철수 선생님이십니다."

"아, 그래? 학교생활은 재미가 어때?"

"괜찮아요. 재미있는 것 같아요."

"그렇구나. 어떤 부분이 재미있지?"

"친구들과 같이 어울려 놀고 공부하는 것이 재미있어요."

"영수가 특히 좋아하는 과목은 뭐니?"

"예, 체육입니다."

"아, 그렇구나. 동생이랑은 잘 지내니?"

"한 번씩 싸울 때도 있지만 잘 지내는 편입니다."

"음, 그렇구나. 동생이랑 잘 지내야지. 어머니께서는 집에서 맛난 거 많이 해 주시니?"

"예, 많이 해 주십니다."

"그렇구나. 맛있는 거 많이 해 주셔서 좋겠네."

"예."

"지난해, 반에서 맡은 역할은 뭐였지?"

"학급 반장을 했습니다."

"그랬구나. 특별히 어려운 점은 없었니?"

"예, 그리 어려운 점은 없었습니다."

"음, 그렇구나. 이번 학년에도 반장을 해야겠네?"

"이번 학년에는 하지 않으려고요."

"그래? 왜지?"

"제가 계속 반장을 하면 다른 친구들이 반장을 할 기회가 없어지잖아요."

"그렇구나. 그거 멋진 생각이네! 그러다가 6학년 때 전교 어린이회 회장에 한번 도전해 보는 것도 좋은 방법이겠네."

영수는 적당히 당당한 체격에 자연스러우면서도 어딘지 모르게 절제된 행동과 표정으로 대화에 임했습니다.

이런 일이 있고 며칠 뒤, 영수 엄마를 다시 만났습니다.

"대단한 아이를 두셨네요. 영수는 큰일을 할 인물인 것 같습니다. 잠시 동안의 대화였지만 영수는 보통 아이가 아닌 것 같았어요. 영수는 앞으로 특별히 공부하라거나 지시하고 강요할 필요가 없는 아이인 것 같습니다. 무조건 엄마 말을 들어야 한다고 지시하고 강요하면 오히려 역효과가 날 수 있는 아이입니다. 이런 아이에게는 뭐든 슬쩍 안내만 하고 본인이 선택해서 할 수 있도록 해야 할 것입니다. 영수는 강단도 있어 보이고, 공부도 꾸준하게 열심히 할 아이입니다. 지금 단계에서는 몸을 쓸 수 있는 운동이나 예술 관련 취미 활동을 병행하여 기초 체력을 다지고 아름다운 심성을 가꾸어 장차 더욱 매력 있고 품격 있는 삶을 살 수 있도록 지도하는 것이 좋을 듯합니다."

그러면서 리더십에 관하여 의견을 나누었습니다. 영수 엄마는 리더십에 대해 '어릴 때부터 앞장서서 대표직을 맡다 보면 이런저런 경험들을 많이 하게 될 테니, 성인이 되어서도 리더십이 강한 사람이 되겠지.'라는 생각을 하고 계신 듯했습니다.

일반적으로 틀린 생각은 아니지요. 그렇다고 아이의 의사에 반하여 억지로 리더십 연습을 하게 한다? 그건 아닙니다. 게다가 아이의 특성에 따라 결과가 다를 수 있기에 조심스럽게 접근해야 합니다. 어떤 유형의 리더십을 행사하고 연마하느냐가 더 중요한 문제가 아닐까요?

남의 앞에 서서 리더쉽을 행사한다고 해서 그 아이의 리더십이 무조건 향상되는 건 아닙니다. 오히려 앞장섬으로써 아이의 이미지가 더 나빠지는 경우도 있습니다. 좋은 리더십을 행사해야겠지요.

좋은 리더십을 행사하려면 아이 자신이 실력 면에서나 인품 면에서 매력 있는 사람이어야 하지 않을까요? 남의 앞에 서서 활동한다고 모두 좋은 리더십을 발휘하고, 삶에 긍정적 영향을 받는 것은 아닙니다.

리더십을 기르는 것은 본인의 실력을 향상시키는 것은 물론, 타인을 이해하고 배려하는 등 좋은 심성을 가꾸어 가는 것이 아닐까요?

따라서 매사 부모의 생각대로 되지 않는다고 속상해할 것이 아니라, 아이의 의견을 존중하고 경청하는 자세를 견지하면서 의사 결정에 조금의 조언을 해 준다는 정도의 생각을 가진다면 좋은 결과가 있을 것이라 봅니다.

그리고는 영수 엄마께 여러 도서에서 발췌한 관련 글들을 몇 페이지 출력하여 참고 자료로 드렸더니, 댁에 가서 영수 아빠와 함께 정독하셨다고 하네요. 그리고는 저와의 대화가 많은 도움이 되었다는 말씀을 하시면서 감사를 전해 왔습니다. 영수의 멋진 미래 모습이 많이 기대됩니다.

부모와 자식은 서로 멀어지면 안 된다

옛 선조들은 자식을 낳으면 서로 바꾸어 키우기도 했습니다. 이유인즉 자기의 아들에게 꾸지람을 하게 되면 부모와 자식 간의 거리가 멀어지게 되는데, 그것보다 더 나쁜 것은 없다고 생각했던 거지요.

『맹자』에 이런 얘기가 나옵니다.

제자인 공손추가 맹자에게 물었다. "군자가 자식을 직접 가르치지 않는 것은 무엇 때문입니까?" 맹자가 대답했다. "현실적인 상황이 그렇게 할 수 없기 때문이다. 가르치는 사람은 반드시 올바른 도리로서 가르치려고 하는데, 올바른 도리로서 가르쳤는데 자식이 그 가르침을 행하지 않으면 이어서 성을 내게 되고 이어서 성을 내게 되면 도리어 자식의 마음을 해치게 된다. (중략) 부모와 자식이 서로의 마음을 상하게 하는 것은 좋지 않다. 그러므로 옛날

에는 서로 자식을 바꾸어서 가르쳤다.[18]

이렇듯 자식을 키우는 일은 정말 쉽지 않습니다. 여러분은 자식을 키우면서 칭찬하는 때가 많은가요? 아니면 꾸중하고 나무라는 일이 더 많은가요? 아마 많은 부모는 아이들을 칭찬하기보다는 잘못을 일일이 찾아 나무라고 꾸중하는 경우가 더 많을 것이라 생각됩니다. 아이가 하는 행동이 마음에 차지 않아 훈계를 하며 사사건건 잔소리를 달고 사는 집도 적지 않을 거라 봅니다.

내 아이가 하는 짓을 보면 모두 남들보다 못나 보이고 속이 타서 집집마다 아이들을 무던히도 나무라는 거지요. 숙제는 했는지, 학원 시간에는 늦지 않는지, 손은 씻었는지… 끝없이 간섭하는 말을 하는 것입니다. 부모로서 당연히 해야 하는 의무라는 듯이 말입니다.

사실 이게 모두 잔소리인 거죠. 이렇게 자란 아이들이 스스로 비교하고 분석하여 올바르게 판단하고 자신감 있게 일을 추진하는 등 자율적인 삶을 살아갈 수 있을까요? 아마 쉽지 않을 것입니다.

잔소리와 관련한 글이 있습니다.

내면의 잔소리는 대개 외부로 나간다. 그래서 다른 사람에게도

---

18) 맹자, 『맹자』, 박경환 옮김, 홍익출판사, 2005.

잔소리하는 것이다. 남편과 자식이 마음에 들지 않는 것도 이런 기대 심리 탓이다.

우선 자신을 편안히 두는 훈련을 해야 한다. 간혹 자신을 채찍질하는 사람이 있는데 좋지 않은 방법이다. 스스로를 다그치는 사람은 다른 이에게도 그렇게 하기 때문이다. 내가 나를 편안히 둘 줄 알아야 다른 사람도 편안하게 해 줄 수 있다. 쉬운 일은 아니다. 오랫동안 몸에 밴 습관은 좀처럼 변하지 않기에. 물을 떠올려 보자. 강물은 굽이굽이 흐른다. 이를 한자로 '곡즉전(曲則全)'이라고 한다. 막히면 돌아가고, 높으면 찰 때까지 기다리는 물의 특징이 우리에게 필요한 마음가짐이다.

또 사람이 함께 사는 것은 어려운 일이라는 점을 받아들여야 한다. 한 심리학자는 성장 과정이 다른 사람이 함께 사는 것은 외계인끼리 사는 것과 같다고 말했다. 상대방이 내 생각과 다르거든 '저이는 다른 행성에서 왔나 보다.' 여기면 마음의 짐을 조금 내려놓을 수 있다('홍성남'님의 글, 가톨릭영성심리상담소 소장).[19]

내 아이의 장점은 없을까요? 독자 여러분들 중에는 혹시 아이를 종일 지적하고 꾸중하시는 그런 분은 없겠지요? 물론 이러한 경우에도 "아이들이 아직 미숙하고 미덥지 못해서 부모로서 이끌어 주는 것은 당연한 것 아닌가요?"라고 항변하실 것입니다.

---

19) 좋은생각 편집부, 『좋은생각 2020년 1월호』, 2020, 17쪽.

물론 틀린 말은 아닙니다. 그렇지만 이렇게 지적하고 잔소리하는 것보다 아이들에게 진정 필요한 것은 칭찬과 격려입니다.

중요한 것은 이렇게 꾸지람을 많이 듣고 자란 아이는 지적당하는 것이 두려워 눈치를 보게 되고, 부모를 속이거나 거짓말하는 것이 몸에 배는 경우가 많다는 것입니다.

아이는 아이일 뿐입니다. 아이가 실수하고 잘하지 못하는 것은 어쩌면 당연한 일이 아닌가요? 이러한 사실을 다음과 같이 설명하는 분도 있습니다.

인간이 비로소 인간답게 생각하고 행동하는 이유는 전두엽이 발달되어서입니다.

문제는 아동과 청소년의 전두엽이 성숙하지 않다는 것입니다. 전두엽은 평균 27세에 완성됩니다. 남녀 차이가 있어서 여자는 평균 24세이며 남자는 평균 30세에 완성됩니다. 겨우 1살 된 아기가 엉금엉금 기어 다닌다고 야단치거나 벌세우지 않습니다. (중략) 아기가 혼자 걷지 못한다고 야단치면 아동학대라고 할 수 있겠습니다. 그렇다면 생각을 잘못한다고 사춘기 아이를 벌주거나 야단치는 것 역시 아동학대입니다. 사춘기 학생은 아직 전두엽이 미성숙하기 때문에 자신의 감정을 제대로 조절하지 못합니다. 계획을 잘 세우지 못하고 판단도 잘하지 못합니다. 잘하고 싶지 않거나 신경을 쓰지 않아서가 아니라 신체적으로 아직 잘할 수 없습니다. 진정한 양육자와 교육자는 기다려 줍니다. 학생들이 잘할 수 있도록 격

려해 줍니다. 학생들이 잘할 수 있을 때까지 도와줍니다.[20]

이 말은 정곡을 찌른다고 하겠습니다. 아이의 행동을 어른의 눈으로, 어른의 잣대로 재다 보니 모든 게 마음에 안 드는 것입니다.

어른들이 바라는 대로 즉시 해내지 못하는 아이를 보면 울화통이 치미는 거죠. 그래서 큰 소리로 고함을 지르지요. 빨리하지 않는다고 말입니다. 조금 늦으면 안 되나요? 조금 부실하게 하면 큰일이 나나요?

조금 부족하다고 느껴져도 이렇게 말해야 합니다.

"많이 힘들었겠네!"
"수고가 많았구나!"
"참 잘 만들었네!"
"어이구, 저 땀 좀 봐. 큰 수고했네!"
"넌 이런 걸 참 잘하는구나!"
"넌 밥을 참 복스럽게 먹네!"
"넌 아침 일찍 일어나는 멋진 아이야!"
"넌 말을 참 부드럽게 해서 듣기에 좋구나!"
"너는 꽃을 좋아해서 마음씨가 꽃처럼 고운 사람으로 자랄 거

20) 조벽, 앞의 책.

야!"

"너는 말을 또박또박하는 똑똑한 아이란다."

"너는 일을 하면 마무리까지 잘하는 아이라서 엄마는 언제나 너를 믿어!"

들기만 해도 기분 좋아지는 말들이 얼마나 많은가요?

이렇게 기분 좋은 말, 칭찬하는 말을 듣고 자란 아이는 반항하고 저항하는 아이가 아니라 마음결이 순하고 고운 아이로 자랄 수밖에 없는 거죠.

또한, 이렇게 자란 아이는 매사에 소심하고 자신 없어 하는 아이가 아니라, 밝고 패기 넘치며 기분 좋은 느낌을 주는 아이로 성장할 것입니다. 그렇게 인생이 즐겁고 행복한 어른으로 자라겠죠.

어떤 생각이 드시나요? 우리의 아이들을 칭찬이 가득한 분위기에서 키우고 싶지 않으신가요?

좀 부족해 보이는 것은 못 본 척하시고 잘할 때까지 기다려 주는 느긋함이 필요합니다. 그리고 좋은 점을 찾아 자주 칭찬하고 격려해 주는 것이 멋지고 훌륭한 부모가 아닐까 합니다.

꾸중보다 칭찬이 약이다

많은 부모는 아이가 잘못을 저지르면 매번 지적하고 훈계해야 한다고 알고 있습니다. 그러면 잘못을 했는데도 그냥 두라는 말일까요? 물론 그냥 두라는 의미는 아닙니다. 그러면 어떻게 해야 할까요?

아이들이란 원래 미성숙한 상태이기 때문에 자주 실수를 저지르게 됩니다. 아이들이 실수를 저지르는 것은 어쩌면 당연한 일인 거지요. 이럴 때 부모의 반응이 문제가 되는 것입니다. 어떤 상황이든 실수는 실수일 뿐이라 생각하면 간단한 일입니다.

"컵을 깼구나! 어디 다치지는 않았니?", "조심하지 않고서!"라고 대응하는 부모와 "어이구, 왠수야 왠수!", "내가 뭐라고 했니? 조심하라고 했잖아!"라고 화를 내며 야단하는 부모와는 엄청난 차이가 있는 것을 느낄 수 있지요.

실수한 것에 대해 매번 지나치게 꾸짖는 부모라면 분명 문제가 있는 것입니다. 이런 경우, 아이는 어떻게 반응할까요? 아마 극도의 경계심을 가질 것입니다. 그리고 눈치를 보면서 순간을 모면하기 위한 변명을 생각하겠지요. 부모가 화를 내면서 아이를 불안하게 만들고 긴장시키는 것입니다.

대개의 경우, 칭찬이나 상을 주게 되면 바라는 방향으로 움직이지만, 벌은 아이를 예기치 못한 방향으로 빗나가게 할 수도 있습니다.

따라서 아이의 행동을 수정하고자 할 때는 벌보다 칭찬을 주로 하는 것이 좋은 거죠. 학교에서도 종종 이런 상황을 두고 어떻게 지도해야 할 것인지 고민하는 경우가 있습니다.

예를 들면, 아이들이 복도에서 크게 소리를 지르고 뛰면서 지나가는 경우가 있지요. 오래전에는 이런 경우, 복도에서 그 아이를 불러 손을 머리 위로 들게 하는 등 여러 가지 벌을 주기도 했습니다.

그 당시는 학생 수가 지금보다 2배에서 4배 정도 많은 시절이었지요. 이른바 '콩나물시루' 교실이었던 것입니다. 좁은 교실과 복도에서 넘치게 많은 수의 학생이 생활하다 보면 큰 사고가 나는 것은 뻔한 이치입니다. 그러다 보니 선생님들께서 사고 방지를 위해 아이들에게 벌을 주기도 하고 꾸중도 많이 했던 거지요.

하지만 지금은 학급당 인원이 그리 많지 않은 편이라 아이들이 복도에서 조금 뛴다고 해서 종전처럼 큰 위험이 되는 상황은 아닌 것입니다. 단지 학교와 같은 공공장소에서는 질서 있는 생활로 에티켓을 지켜 상대를 배려해야 한다는 생각만 길러 주는 정도면 되지 않을까 하는 거죠. 따라서 간혹 실내에서 소란스럽게 장난을 치거나 뛰어다니는 학생들을 보면 조용히 불러서 간단히 주의를 주는 정도면 충분할 것으로 봅니다.

부모는 '아이들이 실수하고 잘못을 저지르는 것이 어쩌면 당연한 것이다.'라는 생각으로 무장해야만 합니다. 그래야만 아이의 작은 실수에 대해 '아이들이 뭐 그럴 수도 있지.'라고 생각하며 너그러운 마음으로 감싸 줄 여유가 생기는 것이지요.

아이들의 실수는 그저 대수롭지 않은 것입니다. 아이들이 저지르는 실수에 대해 정색하며 꾸짖기보다 가벼운 마음으로 간단히 주의를 주면 되지 않을까 합니다.

이렇게 말씀드리면 다음과 같이 반문하실 겁니다.

"아니, 그렇게 고운 말로 주의를 주면 말을 듣나요?"

그럼 거꾸로 질문할 수도 있겠지요.

"그처럼 매번 지적하고 꾸짖으면 고쳐지던가요?"

물론 부모님들이 자주 지적하고 꾸중하면 그 자리에서는 고개를 숙이고 잘못을 반성하는 척은 하겠지요. 하지만 매번 지적받고 꾸중 듣는 아이가 받을 마음의 상처는 어떨 것인지에 대해서는 생각해 보셨나요? 이런 환경에서 자란 아이가 과연 얼마나 근사한 어른으로 성장할 수 있을까요? 자신감이 없는 어른, 두려움이 앞서 새로운 일에 도전하지 못하는 어른, 어떤 일도 혼자 하지 못하는 어른, 자신의 삶을 살기보다 남의 눈치를 지나치게 보는 어른 등 이런 아류의 사람으로 자라지는 않을까요?

어쩌면 부모님들 스스로의 성질을 이기지 못해 매번 잔소리하고 꾸짖는 것은 아닌지 곰곰이 생각해 볼 일이라 여겨집니다. 자신들의 기대를 충족하지 못한 데에 대한 화풀이를 아이에게 하는 것은 아닌지 생각해 봐야 한다는 말이지요.

아이는 아이일 뿐입니다. 아이가 문제가 아니라, 어른의 눈으로 아이를 바라보는 어른의 문제는 아닐까요? 아이가 잘하는 것도 많은데 항상 잘못하는 것만 눈에 들어오니 이것이 문제인 거지요.

그렇습니다. 아이를 어른으로 보지 말고 아이로 봐 주자는 겁니다. 아이들이 어른처럼 해내거나 흉내 내기란 결코 쉽지 않습니다. 그런데도 어른처럼 잘하지 않는다고 자꾸 화를 내는 거죠.

이처럼 부모들이 화를 내고 잔소리하는 이유는 정말 간단합니다. 그러면 잔소리를 줄이고 화내지 않으려면 어떻게 해야 할까요?

답은 이미 나와 있습니다. 아이를 아이로 볼 수만 있다면 잔소리도 꾸중도 줄일 수 있겠지요. 이건 정말 쉬운 일 아닌가요? 우리나라의 많은 부모가 이처럼 쉬운 일을 단군 할아버지 이래 풀리지 않는 어려운 문제로 알고 고민들 하고 있는 겁니다.

여기에 또 하나, 부모들의 과도한 욕심이 문제인 거죠. 빨리 어른처럼 해야만 남들보다 앞설 수 있다는 욕심이 부른 다급한 마음이지요. 이제부터라도 아이를 보는 시각을 바꾸어야 합니다. 아이니까 어른처럼 잘하지 못하고 실수하는 것이지요.

이제부터는 아이의 실수나 잘못보다는 좋은 점, 잘하는 점을 보려 노력하는 겁니다. 이렇게 관점을 바꾸면 완전히 다른 세상을 만나게 될 것입니다.

그러면 어떤 세상이 펼쳐질까요? 칭찬해서 기쁘고, 칭찬받아서 기쁜, 서로가 행복한 세상에서 살게 되는 겁니다. 어디 그럼 독자 여러분의 가정에 있는 아이의 장점을 한번 찾아볼까요? 깨끗이 손 씻기, 밥 먹고 빈 그릇 싱크대에 갖다 두기, 숙제하기, 동생과 놀아 주기, 밝은 얼굴 하기, 양치질하기, 밥 잘 먹기, 정해진 시간에 잘 자기, 정해진 시간에 학교 잘 가기, 바른 자세로 걷기, 인사하기 등 헤아릴 수 없이 많지요.

이렇게도 칭찬할 일이 많은데, 여태껏 그런 것은 당연한 거라 여겨 왔던 겁니다. 대개의 경우, 부모님들은 칭찬하지 않을 뿐 아니라 아이의 부족한 부분만을 콕 집어서 꾸짖고 나무라는 일에 하루를 꼬박 바쳤던 겁니다.

시도 때도 없이 칭찬해야 합니다. 그래야만 아이들의 기가 살고 자신감을 가지고 무슨 일이든 해냅니다. 그리고 나아가 긍정적인 생각을 가지고 행복 생활을 주도하는 아이로 성장할 것입니다.

"우리 밥 잘 먹는 철수, 이거 꼭꼭 씹어 먹어 볼까?"

"동생을 예뻐해 주는 철수, 정말 멋져! 동생이랑 10분만 놀아 주면 안 될까?"

"지각하지 않고 학교에 잘 가는 우리 철수, 오늘도 딱 그 시간에 학교 가려 하네!"

"멋진 우리 철수, 학교 잘 갔다 와!"

별다른 칭찬이 아닐지라도 칭찬의 의미가 느껴지는 기분 좋은 말을 습관처럼 자주 해 주는 것도 멋진 아이로 키우는 좋은 방법이라 생각됩니다.

"모든 성공과 승리 속에는 실패와 패배의 씨앗이 숨어 있고, 모든 실패와 패배 속에는 성공과 승리의 씨앗이 숨어 있다."[21]는 말과 "만일 실패하면 어떻게 할 것인가 하는 걱정은 무시해도 좋다. 그런 걱정을 하는 사람은 어떤 실패에도 그 이면에는 가치 있는 성공의 씨앗이 감추어져 있다는 사실을 모른다."[22]라는 말의 참뜻을 귀담아들을 필요가 있다 하겠습니다.

---

21) 정호승, 『내 인생에 힘이 되어준 한마디』, 비채코리아북스, 2006.
22) 나폴레온 힐, 『놓치고 싶지 않은 나의 꿈 나의 인생 1』, 권혁철 옮김, 국일미디어, 2008.

부모의 말투가 아이를 바꾼다

어떤 부모들은 자녀에게 고백하기도 합니다. 엄마도 아빠도 실은 처음이라 부모 노릇을 잘하지 못한다고. 미안하다고. 이해해 달라고. 그래요. 어른이 돼서 늙는 게 아니고, 늙은 다음에서야 서서히 어른이 되는 거더라고요. 사춘기 자녀를 키우던 사십대도 지금 생각해 보면 어린 나이였습니다. 훌륭한 부모가 되기엔 너무 깜냥이 모자랐고, 지혜와 인내도 모자란 때였습니다. 지금의 경륜을 갖고 다시 그때로 돌아간다면 정말 멋진 부모가 될 수 있을 것 같은데 많이 아쉽고 후회되기도 합니다.[23]

이런 말처럼 다들 연습해 보지 않고 된 부모이기에 거의 모두가 미숙하기 짝이 없는 부모 아닐까요? 저는 종종 '자식의 거의 모든 것은 부모로부터 시작되는 것이 아닌가?'라는 생각을 합니다.

---

23) 정재찬, 『우리가 인생이라 부르는 것들』, 인플루엔셜, 2020, 84쪽.

그렇습니다. 환갑의 나이를 넘긴 지금까지도 현재의 저의 모든 것이 부모님으로부터 시작되어 지금에 이르고 있다는 생각을 합니다.

부모님께서 현재의 모습으로 낳아 주셨고, 또 이렇게 자라도록 유전자를 주셨고, 각종 환경을 제공해 주셨기에 지금의 내가 있다는 생각을 하는 거지요.

이처럼 현재의 나는 모든 것이 부모로부터 출발했고 또 그것이 지금까지 이어져 오고 있는 것입니다.

출생 순간부터, 아니 배 속에 잉태되는 순간부터 아이는 부모의 영향을 받습니다. 그중 부모의 언어 모형이나 언어 습관도 아이의 성장에 커다란 영향을 끼친다고 할 수 있습니다.

여러분은 자녀들에게 어떤 말투를 쓰고 있나요?

"순희야, 일어나!"

"순희야, 이렇게 해라!"

"순희야, 너는 이렇게밖에 못 해?"

"너는 하는 일마다 도대체 왜 그러니?"

"어이구, 내가 그럴 줄 알았다."

"숙제 다 했어?"

"문제집은 다 풀었어?"

"학원에 안 갈 거니?"

이렇게 재촉하거나 비난하는 투의 언어 모형을 주로 사용하시나요?

"시간이 많이 지났는데 이제 일어날까?"
"아, 그랬구나!"
"이렇게 하면 어떨까?"
"너의 생각은 어떠니?"
"좋은 생각이네."
"실수를 했구나."
"괜찮아, 그럴 수도 있지. 뭘 그래."
"아빠(엄마)는 네가 자랑스러워."
"우리 순희는 이런 일을 정말 잘하더라."
"우리 일어나서 빨리 준비할까?"

아니면 이렇게 곱고 부드러운 말투의 언어 모형을 많이 사용하시나요? 일상에서 아무 생각 없이 툭툭 내뱉어 온 말들을 생각해 봅시다. 부모가 어떤 말투나 언어 모형을 선택하여 사용하는지에 따라 아이들이 크게 달라질 수 있다고 봅니다. '언격(言格)'이 곧 인격(人格)'이라고 말하는 이도 있습니다.

이렇게 말씀드리면 "곱고 부드러운 말투로 하면 아이들이 말을 듣나요?"라고 반문하시는 분들도 계실 것입니다. 그건 정말 모르시는 말씀이지요. 곱고 부드러운 말투로 아이들을 대하려는 시도를 아예 하지 않고, 아이들에게는 항상 지적하고 꾸짖는 말투로 하는 것이 당연한 것처럼 그냥 그렇게 해 오지는 않으셨는지를 먼저 생각해 볼 일입니다. 아이가 부모의 생각처럼 움직여 주지 않는다는 불만이 잔소리로, 짜증으로 나타나는 것이지요. 아이는 아이일 뿐이라는 사실을 인정하지 않음으로써 생기는 불만이고 짜증인 거죠.

학교에서 아이들을 지도하다 보면 아이들의 행동이나 말투 등 거의 모든 것이 부모님으로부터 무의식 중에 배우거나 부모님이 제공한 환경 때문이라는 생각을 할 때가 종종 있습니다.

"문제아는 문제 부모가 있기 때문이고, 문제아는 문제 가정이 있기 때문이다."라는 말이 있습니다. 그리고 멋진 아이 뒤에는 반드시 멋진 부모가 있다는 사실을 기억해야 할 것입니다.

아이를 대하는 태도를 변화시켜라

"여러분들은 아이들을 어떻게 대하고 있나요?"

"어떻게 대하다니요?"

"그럼 이렇게 질문해 볼게요. 아이와 편하게 대화하는 편인가요? 아니면 지적하고 가르치듯 대화하는 편인가요?"

"아니, 당연히 가르쳐야 하는 것 아닌가요?"

그렇습니다. 때로는 가르쳐야 하지요. 하지만 어떻게 가르치느냐가 참으로 중요하다는 말씀을 드리고 싶습니다. 다시 말하면 어떻게 표현하느냐의 문제입니다.

또 하나 중요한 것은 가르치려 하거나 지시하는 말의 빈도입니다. 훈계하거나 지시하는 말의 빈도가 높아지면, 본래의 의도와는 달리 '잔소리'로 변질되어 들린다는 것입니다.

자, 그러면 어떻게 표현하느냐의 문제를 두고 생각해 볼까요?

아이가 과외 학원을 빼먹었다고 가정해 봅시다.

"그랬구나, 어쩌다 그랬니?"
"그래도 학원을 빼먹으면 안 되는데."
"다음에 그런 일이 또 있어서는 안 돼."

이렇게 부드럽게 타이르는 분들이 있는가 하면 반대의 경우도 있습니다.

"뭐? 학원을 빼먹었다고?"
"학원비가 얼마인데 빼먹고 그러니? 그러니까 빨리빨리 준비하라 했잖니!"

본인의 좋지 않은 감정을 잔뜩 실어서 짜증을 내며 화살을 쏘듯 말을 뱉어내는 분들입니다. 후자의 경우, "얼마나 말을 안 들으면 그러겠느냐?"라고 항변하시는 분도 계실 것입니다. 하지만 아무 생각 없이 습관적으로 본인의 나쁜 감정을 실어서 아이를 대하지는 않았는지 곰곰이 생각해 볼 일이라 여겨집니다. 만약 습관적이라면 문제가 있는 것이지요.

'에이, 귀 따가워! 또 잔소리 시작이네!'
'우리 엄마(아빠)는 맨날 저래.'

아이들이 이렇게 생각하는 상황이라면 부모는 부모대로 화가 나고, 아이는 아이 대로 화가 나는 악순환이 계속되는 것이지요.

그뿐만 아니라 이젠 부모의 말은 모두 잔소리로만 들리게 되는 겁니다. 시쳇말로 부모의 '말빨'이 먹혀들지 않는 거죠. 아이에게 기껏 힘주어 말했는데, 아이는 부모의 말은 잔소리로 여기며 귓등으로 듣는 난감한 상황이죠. 이렇다 보니 부모는 더욱 열 받게 되고 화가 나는 것이지요. 이제부터는 감정싸움이 되는 것입니다.

무엇이 문제일까요? 부모가 아이를 대하는 방법을 바꿔야 한다는 생각이 들지 않으시나요? 아이의 현재 상황이나 입장은 전혀 고려하지 않은 채, 부모의 일방적인 행동이나 말은 대단히 위험하고 무모한 일이 아닌가 생각됩니다.

부모의 일방적 시각은 여러 가지 의미를 가지는 말이기도 합니다. 아이들이 열심히만 하면 될 텐데 그러지 않으니 화가 나고, 저렇게만 하면 잘될 텐데 그렇지 않고 이렇게만 하고 있으니 화가 나고 짜증이 나는 겁니다. 이런 모든 것이 아이의 현재 상황이나 능력은 생각하지 않은, 부모의 일방적인 생각이라는 겁니다.

이런 식이면 무엇 하나 해결될 수가 없는 거죠. 접점을 찾을 수가 없다는 말입니다.

일단 아이의 입장에서 볼 때, 부모님이 왜 저러시는지 알기는 하겠지요. 더 잘되라고 한다는 사실을 알기는 한다는 말이지요. 하지만 그것이 귀찮고 잔소리로 들리는 거죠.

부모 입장에서 생각해 보면, 자식을 이해할 수가 없습니다. '잘되라고 하는 말인데 왜 저리 말을 듣지 않을까?'라고 생각하는 거죠.

누가 양보해야 할까요? 그렇습니다. 당연히 부모지요. 앞의 이야기를 보면 자식은 어느 정도 부모의 의중을 알고는 있습니다. 그런데 부모는 자식을 전혀 이해하지 못하고 있고, 이해할 수도 없습니다.

따뜻한 방에서 재워 주지, 밥 잘 챙겨 먹여 주지, 좋은 옷 입혀 주지, 비싼 비용 들여 학원에도 보내 주지… 정말 이해할 수가 없고 도대체 뭐가 문제인지도 알 수가 없는 거죠. 정말 속 상하는 일입니다. 하지만 여기서 조금만 생각의 방향을 바꾸어서 아이를 바라보면 달라질 것이라 생각됩니다.

"생각의 방향을 어떻게 바꾸라는 말씀이죠?"

"아이에게 일방적 요구만을 하는 것보다 대화를 해 보라는 겁니다."

"어떻게 대화를 하면 되죠?"

"어떤 것이 힘든지 물어봐야 합니다. 그래서 아이가 지금 어떤 상황인지를 아는 것이 중요합니다."

이때도 감정을 삭이지 않고 말하면 아이가 마음에서 우러나는 말을 하기가 어렵다는 점을 명심하셔야 합니다. 설사 말을 한다 해도 감정이 격해서 하는 말이라 또 다른 감정이 쌓일 가능성이 있지요.

편하게 대화할 수 있는 분위기를 만들어서 격의 없이 대화해야 합니다. 대화를 하다 보면 아이가 어떤 고민을 하고 있는지, 지금 무엇을 어려워하고 있는지를 알 수 있을 것입니다. 여기서부터가 출발인 거죠. 그러다 보면 '아, 우리 아이가 이것을 힘들어하는구나!'라면서 아이를 차츰 이해하게 될 것입니다. 그리고는 '내가 아이 생각은 않고 내 욕심만 앞세워 왔구나!'라는 사실도 알게 되겠지요. 여기서 잠시 팁을 하나 드리자면, 자연스레 대화를 이어 가기 위해서는 부모의 반응이 매우 중요합니다. 포인트는 아이의 말에 평가를 하는 듯한 느낌이 나는 말을 해서는 안 된다는 것입니다. 다시 말해 가치 중립적인 단어나 문장을 사용해야 한다는 거죠. "응, 그랬구나.", "응, 그렇구나.", "그렇게 생각했구나.", "그런 생각을 하고 있었구나." 등으로 말입니다.

한 티브이 프로그램에서는 가정에서 기르는 반려견의 나쁜 버릇을 고치기 위하여 전문가를 모셔다 치료하는 장면을 볼 수 있습니다. 이 프로에서 전문가는 신기하게도 간단한 방법으로 짧은 시간에 개의 행동을 마치 마술처럼 고쳐 버리죠. 개의 나쁜 행동이 대개 주인의 서투른 행동에서 연유한 것임을 알 수 있습니다. 개가 보이는 행동에 대한 주인의 반응에 따라 개가 아주 고약한 버릇을 가지는 경우가 많지요.

마찬가지로 아이를 대하는 부모의 태도가 아이를 변화시킬 수 있습니다. 이런 간단한 원리만 이해한다면 아이들의 문제 행동도 간단히 치료될 수 있고, 부모의 무모한 반응과 행동으로 아이의 성격이 삐뚤어지는 안타까운 일도 없을 것입니다.

무심히 뱉은 말이 아이를 멍들게 한다

어느 학교에서 4학년 담임을 하던 때의 이야기입니다.

서울에서 전학을 온 남학생이 있었지요. 아이의 어머니가 같이 왔었는데, 아이와 관련된 이런저런 이야기를 나누는 가운데 아이의 아빠가 서울의 명문 대학을 졸업했고, 특히 수학을 잘하셨다는 이야기를 들었습니다. 그리고 잠깐이었지만 어머니의 태도는 매우 거만하게 느껴졌습니다. 직감적으로 '아, 이 가정은 여러 가지 문제가 있을 것이다.'라는 생각이 들었지요.

아이의 교육과 관련해서 아이를 둘러싼 여러 환경, 특히 부모의 가치관이나 신념 체계는 물론 그들의 태도를 아는 것은 매우 중요한 일입니다.

부모의 언행이 아이의 성장에 미치는 영향이 적지 않다는 사실은 여러 학자의 연구 결과도 있고 경험적으로도 알고 있던 터라 매우 흥미롭게 생각되었습니다.

이 아이는 수업 시간에도 곧잘 참여하고 공부에 흥미를 보이는 학생이었지요. 그럭저럭 시간이 흘러 교과목 전체를 평가하는 총괄 평가 시간이었습니다. 다른 과목의 성적은 대체로 괜찮은 편이었는데, 수학 시험지는 거의 백지였습니다.

'이상하다. 이 아이는 괜찮은 성적이 나와야 하는 아이인데, 수학 시험지가 거의 백지상태라니… 뭔가 이상하지 않은가? 평소 수업 시간에는 별 무리 없이 잘 따라온 학생이었는데….'

뭔가 집히는 게 있었습니다. 물론 전학 온 날 아이 엄마의 태도를 보고 이 아이의 집안 분위기나 평소의 양육 태도 등을 어느 정도 짐작할 수는 있었지요. 원인은 분명 아이의 아빠일 거라는 생각이 들었습니다. 그래서 방과 후에 아이를 따로 불러 다시 시험지를 주며 마음을 편히 갖고 천천히 풀어 보게 하였지요.

그런데 이게 웬일, 모든 문제를 완벽하게 맞히는 게 아니겠습니까? 제가 짐작한 바 그대로였습니다. 문제를 다 푼 아이에게 시험지를 받아 들고는 물었습니다.

"영수야, 이렇게 잘 풀 수 있는 문제를 아까는 왜 백지로 내었지?"

이 아이는 학창 시절에 수학 시험은 매번 100점을 받았다고 자랑하는 아빠의 말을 귀가 따갑도록 자주 들었기 때문에 혹시 수학 시험에서 100점 받지 못하면 어쩌나 하고 긴장되어 문제를 풀지 못했다고 했습니다.

아빠는 서울의 S 대학을 졸업하신 분이라 했지요. 이 아이의 아빠는 자랑삼아 예사로 이런 말을 아들에게 한 것입니다. 이러한 아빠의 언행이 아이에게 커다란 부담을 주게 되리라는 생각은 꿈에도 하지 못했을 것입니다. 또 하나 주목할 점은 아이의 엄마가 아빠의 그러한 태도를 아무 생각 없이 즐겼다는 것입니다.

아마 아빠라는 분은 많이 우쭐거리며 식구들 앞에서 이 말을 했을 거라 생각됩니다. 그러지 않고 만약 "아빠가 학교 다닐 때는 수학이 참 재미있더라. 그래서 더 열심히 한 것 같아. 그러니까 점수도 잘 나왔단다.", "너도 잘할 수 있을 거야! 혹시 어려운 문제가 있으면 아빠랑 같이 풀어 볼래?" 이런 정도의 표현을 했다면 아이가 시험지를 받아 보고 그처럼 주눅 들고 긴장했을까요? 절대 그러지는 않았을 거라 생각합니다. 오히려 '아빠가 재미있다고 하셨는데 나도 잘 해 봐야지.'라고 생각하고 더욱 흥미를 가지고 공부했을 겁니다.

이 아이는 아마 특별한 심리 치료를 받지 않았다면, 아빠에 대한 트라우마 때문에 평생 이런 상황을 극복하지 못했을 것이라 생각됩니다.

부모의 사소한 듯한 말 한마디가 아이에게 얼마나 심각한 영향을 끼치는지를 잘 알 수 있는 예라고 하겠습니다.

아이의 잘못도 숨겨 줄 수 있는 여유를 가져라

30여 년 전 어느 해 학급 담임을 맡았을 때의 일입니다.

저는 3월 학기 초에 아이들과 약속을 했습니다. 숙제를 해 오지 않은 학생은 회초리로 손바닥 3대, 일기를 쓰지 않으면 2대를 맞기로 약속한 거죠.

숙제 검사와 일기 검사는 매일 했습니다. 이때, 학생 중에는 3가지 정도의 유형이 있습니다. 숙제를 꼬박꼬박 잘 해 오는 아이, 어쩌다 한 번은 숙제를 하지 않고 오는 아이, 거의 매일 숙제를 하지 않고 오는 아이입니다.

문제는 거의 매일 숙제를 하지 않고 오는 아이들이었습니다. 숙제를 하지 않는 아이들은 대개 일기까지도 쓰지 않았지요. 그러니까 거의 매일 손바닥 3~5대를 맞아야 하는 겁니다. 아찔하지 않나요? 아침에 일어나 학교에 가려면 오늘도 어김없이 매를 맞아야 하니 얼마나 괴로웠겠습니까?

그래서 저는 한 가지 꾀를 냈습니다. 아이들에게 숙제나 일기를 쓰지 못했을 때는 그 이유를 말하게 했습니다. 그리고는 담임 교사인 제가 그 이유에 대해 큰 소리로 공감을 표시하며 맞장구를 쳐 주었습니다. 그 이유를 들어 보고 공감이 가면 벌칙을 면제해 주는 것입니다.

이를테면 이런 식이지요.

"숙제를 왜 못 했지?"

"선생님 있잖아요, 어제 우리 집에 손님이 와서 숙제를 못 했어요."

그 당시는 지금과는 달리 집안의 대소 행사를 위해 가정에서 손님들에게 음식을 대접하는 경우가 더 일반적인 시절이었습니다.

"아이고, 그랬구나! 손님이 오셨으면 숙제를 할 수가 있나? 못하지!"

이렇게 말하며 학급 전체 아이들이 모두 들을 수 있는 큰 소리로 맞장구를 쳐 주는 것이지요. 그 당시 학급 내의 많은 가정이 단칸방이나 두 칸 정도의 방에서 생활하고 있었으니, 손님이 오는 날에는 숙제를 못 할 수도 있었습니다.

그렇게 큰 소리로 공감해 준 것은, 다른 아이들에게는 꼬박꼬박 정해진 벌칙을 적용하고 특정 아이에게만 특혜를 준다는 생각을 갖지 않게 하기 위함이었지요.

그래서 거의 매일 숙제를 하지 못하는 아이들을 어떻게 하면 벌 받지 않도록 할 것인가를 항상 걱정했습니다. 그런 아이들은 대체로 공부에도 별다른 흥미가 없는 아이들이었지요.

공부에 흥미가 없는 아이들이 정말 가기 싫은 학교에 오는 것만 해도 대단한 일인데, 학교에 와서는 거의 매일 매까지 맞아야 하는 고통을 없애 줘야겠다는 생각을 한 것입니다.

다 같이 잘해 보자고 시작한 약속일지라도 일방적으로 당할 수밖에 없는 아이들을 구해야 하지 않을까요?

시험 때만 되면 배가 아픈 아이

　이웃에 살고 있던 어떤 아이의 이야기입니다.

　이 아이는 초등학교 때 매년 학급 반장을 맡는 등 친구들에게 인기가 좋은 아이였지요. 그런데 이 아이는 중학교에 진학한 이후부터 공부를 꾸준히 열심히 하기보다는 멋 부리기를 더 좋아했습니다. 그러니까 평소에 공부는 등한시하고 틈만 나면 친구들과 멋을 부리며 어울려 다닌 거죠.

　그러다 보니 시험 기간만 다가오면 걱정이 되어 배가 아픈 겁니다. 공부한 건 없고, 시험은 봐야 하고… 시험 당일은 반드시 배가 아픈 거죠. 꾀병이 아니었습니다(물론 진실은 본인만 알겠죠). 시험 성적이 좋아야 할 텐데 자신은 없고, 불안한 겁니다. 심리적 스트레스로 인하여 배가 아팠던 게지요. 그렇게 중학교 3년, 고등학교 3년을 지나고 수능 시험 날에도 어김없이 배가 아팠습니다. 수능 결과는 역시 참담한 상황이었죠.

　이런 병은 어떻게 고쳐야 할까요? 심리 전문가나 의사 선생님과 서둘러 상담을 하는 것이 가장 빠른 방법이 아닌가 합니다.

본인은 얼마나 괴로웠을까요? 무관심했는지 아니면 뭘 몰랐는지 이 아이의 부모 마음은 얼마나 무겁고 안타까웠을까요?

잘하는 미술을 두고 무용을 하겠다는 고1

최근에 가까운 지인 한 분의 연락을 받았습니다.

"교장 선생님, 아이 때문에 상담을 드리고 싶은데 오늘 시간 괜찮으세요?"
"예, 오늘 오후에 잠시 들리시면 됩니다."

그리고는 그날 오후에 오셨습니다.

"무슨 일이시죠?"
"교장 선생님, 저희 집 큰아이가 공부를 전혀 안 합니다. 어쩌면 좋아요?"
"자세히 좀 이야기해 보시죠."
"우리 집 아이는 지금 인문계 고등학교 1학년입니다. 그런데 며칠 전 받아 온 성적표를 보고 남편이랑 깜짝 놀라 뒤로 넘어질

뻔했습니다."

"왜죠?"

"성적이 반에서 최하위 수준이었습니다. 그래서 아이 앞에서 걱정을 했지요. '어쩌면 좋겠니?'라고 말이죠. 그런데 문제는 이런 상황에서도 아이는 행동에 특별한 변화가 없고, 평소처럼 마냥 즐겁다는 겁니다."

아이는 "엄마, 걱정 마세요. 지금 최하위의 성적이니까 앞으로는 올라갈 일만 남았으니 괜찮아요. 반전이라는 것이 있잖아요. 반전!"이라고 했답니다. 이 말을 들은 아이의 엄마는 어찌할 바를 몰라했고, 걱정이 태산이었습니다.

"계속 말씀해 보세요."

"이 아이는 그림 그리기나 애니메이션 등에 취미가 있고, 실제로 주변 선생님들께도 그 분야와 관련하여 칭찬을 많이 듣는 편입니다. 그래서 집에서도 그림이나 디자인 관련 공부를 해 보라고 권하고 있습니다. 그런데 무슨 생각에서인지 갑자기 무용을 해 보고 싶다고 합니다. 그리고 아이는 아주 순수하고 착한 딸입니다. 다른 부분에서는 뭐 하나 나무랄 데 없는 멋진 아이이지요."

"그렇군요."

"순수하고 착한 딸이 그러하니 부모로서 걱정이 많겠습니다."

"그렇습니다. 반전이 있을 수 있다고 본인이 말은 하는데, 시간은 자꾸 흘러가고 부모로서는 아주 속이 타들어 갑니다. 하루빨리 반전의 그 날이 오기를 기대하고 있는데 정말 걱정입니다."

"아이를 한번 만나 봐야겠네요."

저는 3가지가 문제라고 생각합니다. 하나는 뒤떨어진 성적 향상 방안의 문제이고 그다음은 소질이 보이는 미술을 버리고 전혀 시도해 보지 않은 무용으로 전환하려는 것에 대한 문제입니다. 남은 하나는 앞으로의 삶의 방향을 개략적이나마 정하는 문제가 아닌가 생각됩니다.

먼저 성적 향상이라는 문제부터 풀어 보죠. 현재 가진 기초 실력이 어느 정도인지를 아는 것이 매우 중요하다는 생각을 합니다. 그리고는 기초를 쌓고 실력을 높여 가는 데 어느 정도의 시간이 필요할 것인지를 가늠해 보고 학습 설계를 해야 할 것입니다. 그리고 도달하고자 하는 목표 지점을 희미하게나마 어느 정도 설정해 보아야 할 것입니다. 목표 지점을 그렇게 설정한 이유도 나름대로 분명해야 하겠지요. 또한, 목표 지점까지 가는 데 필요한 본인의 의지와 노력이 지속적으로 가능할 것인지도 점검하고 계획해야 할 것입니다.

다음으로 소질과 취미가 있는 미술을 두고 새롭게 무용을 시작하려 하는데 과연 지금이 새로운 실험을 할 시기인지를 선생님 또는 전문가의 의견을 듣거나 가족회의를 거쳐서 종합적으로 검토해 보아야 할 것입니다. 만약 지금이라도 새로운 시도를 해야 한다면 되도록 빠른 시일 내에 가부간 결정되어야 할 것이고, 결정되었다면 최대한 빨리 실행에 옮겨 보아야 할 것입니다. 그리고는 계속 진행할 것인지 아닌지를 최종적으로 판단해야만 할 것입니다.

정말 쉽지 않은 문제입니다. 우리가 성장하면서 어느 시기까지는 본인의 소질이나 취향, 특기 등을 알아보기 위해 여러 가지를 체험하고 실험해 보아야 합니다. 이러한 실험을 해 보는 시기가 언제까지여야 하는지는 사람마다 또는 각 사안마다 다를 수 있을 것입니다. 그리고 긴 인생 여정을 어떻게 설계하며 살아갈 것인가에 대한 장기 계획도 중요한 변수가 될 수 있습니다.

마지막으로는 앞에서 잠깐 언급한 바와 마찬가지로 앞으로 어떤 인생을 살 것인가에 대한 대략적인 밑그림을 그려 보아야 할 것입니다. 아직 그런 계획까지 생각하기에는 어린 나이라 할지라도 희미하게나마 개략적인 방향은 잡아야 하지 않을까 생각합니다.

왜냐하면 앞으로의 방향이 어렴풋이나마 결정되어야 선택한 것에 집중하여 그 분야의 전문가가 될 것인지 아니면 취미 정도로 할 것인지 계획하면서 실행해 나갈 것이기 때문입니다. 이런 결정을 할 때는 본인의 능력 또는 앞으로의 가능성을 포함한 여러 가지 여건 등을 종합적으로 감안해야 할 것입니다. 물론 앞으로의 상황이 우리가 계획을 세운다고 꼭 그대로 된다는 보장은 없지요. 어떤 상황이 펼쳐질지는 아무도 모르는 것이니까요.

또 하나 짚어 두어야 할 것은 이 아이가 현재 본인의 앞날에 대한 전망이나 비전을 전혀 생각하지 못하고 있다는 것입니다. 아직 현실 인식이 좀 부족한 것은 아닌가 하는 거죠. 지금 나이쯤이면 현실을 어느 정도 생각하면서 본인의 진로나 삶을 설계해야만 하는 초기 단계가 아닌가 싶습니다. 앞으로 나는 어떤 능력을 가지게 될 것이며 차후 나의 비전으로 어떤 인생을 살아갈 것이라는 나름의 밑그림을 어느 정도 그려 보는 나이라는 거죠. 만약 현실 인식에 문제가 있다면 전문가의 도움을 받아 보아야 하지 않을까 합니다.

공부와 관련하여 어떤 생각을 가졌는지 아직 정확히는 모르겠으나, 구체적인 행동 계획 없이 말로만 앞으로 열심히 하겠다는 것에 대해서는 신뢰를 보내기가 망설여지는 것이 사실입니다.

공부를 포기했다거나 구체적으로 좀 더 열심히 해 보겠다고 한다면 그에 따른 삶의 방향도 어느 정도 설정해 보아야 하는 나이입니다. 이도 저도 아니면 정말 순수한 건지 순진한 건지 전문가와의 상담이 꼭 필요한 시점이 아닌가 생각됩니다. 부모로서는 하루하루의 시간이 너무나도 아깝게 느껴지는, 초조한 심정일 것입니다. 곧 다가오는 여름 방학에는 직접 만나서 이야기를 나누어 봐야 할 것 같습니다.

적절한 사례인지는 모르겠습니다만 성적과 관련하여 저의 둘째 아이의 예를 말해 보면, 초등학교 때부터 어느 선 이상의 점수를 받지 못하는 것을 보고 저는 참으로 안타까워했습니다. 하지만 조금 더 열심히 하면 되지 않을까 하는 희망으로 계속 지켜보았지요. 그런데 중학교까지 왔는데도 계속 그 상태가 지속되는 것이었습니다. '그렇구나. 공부에 대해서는 이만큼이 한계다.'라는 생각을 했습니다. 그리고는 아내에게 긴급하게 제의했습니다.

"오늘 이후 우리 집에서는 공부라는 단어를 쓰지 않기로 합시다."

그리고 아이에게 말했습니다.

"지금부터는 공부를 너무 잘하려고 애쓰지 마라. 그 대신 공부를 하되 네가 할 수 있는 만큼만 하고 욕심부려서 더 잘하려고 스트레스를 받지 않았으면 좋겠다."

단단히 결심했죠. 아이의 공부나 성적 때문에 앞으로 몇 년간을 서로 스트레스받으면서 살지 않겠다고 말입니다. 그리고 성적 문제 때문에 나무라고 꾸중하는 일은 없을 것임을 말했습니다.

정말 쉽지 않은 결정이고 쉽지 않은 말입니다. 어느 부모가 자식의 성적이 나빠지는 것을 바랄까요? 하지만 다년간의 관찰 결과, 우리 아이의 성적은 어느 선을 넘기가 쉽지 않다는 것을 느꼈습니다. 무던히 애써도 마음처럼 되지 않는 일에 스트레스를 받아 가며 시간과 에너지를 쏟는 것은 무의미한 것이라는 생각을 했지요.

자식에게 열심히 공부하지 말라는 말을 하는 부모의 심정은 어떠했을까요? 열심히 하라고 채근하고 꾸짖으면 잘할 수 있다는 보장만 있다면 그렇게 하겠지요. 하지만 부모가 간장 종지만큼의 그릇인 아이에게 큰 사발만큼 하라고 요구한다고 그게 가능한 이야기일까요?

그러자 아이는 평소 하던 만큼만 부담 없이 공부하고 자신이 좋아하는 컴퓨터 관련 공부도 하고 운동도 하면서 중·고등학교의 학창 시절을 비교적 여유롭고 즐거운 마음으로 보낼 수 있었지요. 아이는 특별한 스트레스 없이 학교생활을 했고, 부모인 우리도 아이에 대한 일정 부분을 포기하고 보니 편한 마음으로 일상을 보낼 수가 있었습니다.

그러다 보니 오히려 매사 칭찬할 일만 보였습니다. 음식을 맛있게 잘 먹는 것도, 컴퓨터를 마치 전문가처럼 잘 조립하고 프로그램을 잘 활용하는 모습이나 사소한 심부름을 하는 것도 칭찬할 일이었습니다. 학업 성적 면에서는 조금 부족하다 할지라도 늘 잘한다는 말과 칭찬을 받고 자라다 보니 친척들이나 주변 사람들로부터 기분 좋은 아이, 성실한 아이, 성격 좋은 아이로 평판이 났습니다. 이후 대학 입시에서도 다행히 지망하는 종합 대학에 입학했고, 재학 중에는 과 대표로, 전체 학년 과 대표로 활동하면서 학교생활을 알차고 재미있게 보냈습니다.

좋은 부모 되기 연습 Ⅱ

아이들의 실수와 실패는 무죄

아이들의 일거수일투족에 너무 예민하게 반응하고, 아이들의 작은 실수도 그냥 넘기지 못하고서 온종일 잔소리를 늘어놓는 부모들을 종종 보게 됩니다. 이러한 부모 밑에서 자란 아이들이 과연 여유로운 마음으로 멋진 삶을 사는 어른으로 자랄 수 있을까요?

이런 환경에서 자란 아이들은 무의식중에 부모의 잔소리를 의식하게 되고, 남의 눈치를 지나치게 보게 되는 등 배포가 작고 소심한 사람으로 자라는 것은 어쩌면 당연하다 할 것입니다. 아이를 믿지 못하면서 매사에 간섭하고 폭풍 잔소리를 해 대는 문제 부모가 아이를 문제 아이로 키우는 거지요.

아이가 실수하고 미숙한 것은 당연한 것 아닌가요? 실수할 수 있는 사람이 실수하는 것은 당연한 일인데도, 매번 잘못을 지적하고 야단치고 심하게 꾸지람을 하는 것은 크게 잘못된 일이라 여겨집니다.

아이들이라 더 자주 실수하고 실패할 수 있는 거죠. 부모가 아이의 실패를 너무 심각하게 생각하고 두려워하여 아이를 다그치고 원망하게 되면 아이는 어떻게 될까요?

아이는 실패에 대한 두려움 때문에 아무것도 자신 있게 해낼 수 없을 것입니다. 큰 발전이란 아예 기대할 수도 없고, 실패하지 않는 적당한 선에서 안주할 수밖에 없겠지요. 아이가 이런 사람으로 성장하기를 바라는 부모는 아마 없을 겁니다.

그런데 왜 부모님의 눈에는 아이의 부족한 부분만 그리 크게 보일까요? 설마 잔소리나 간섭하는 일이 취미인 건 분명 아닐 텐데 말이죠. 그런데 어쩌면 그렇게 종일 아이를 나무랄까요? 아이가 종일 그렇게 잘못하기만 할까요? 잘못하는 이유가 꼭 아이에게만 있고, 부모의 잘못이나 소홀함으로 인해 생긴 부분은 없을까요?

예를 들어 봅시다. 아이가 부모의 늦은 귀가로 동생과 집을 지키다 어떤 실수를 했습니다. 이때 모든 잘못이 아이에게만 있고 늦게 온 부모의 책임은 없을까요? 어린 나이에 동생과 집을 지켜야 한다는 것 자체가 아이로서는 상상할 수 없을 만큼 버겁지는 않았을까요? 동생을 돌보는 일이 그렇게 단순하고 쉬운 일이었을까요?

이런저런 사정은 무시하고 아이에게 모든 책임을 묻지는 않았는지 생각해 보아야 한다는 말입니다.

저도 초등학교 시절 삼촌 댁에서 유학하던 어느 겨울날에 학교 선생님이셨던 숙모님께서 늦게 오셔서 기저귀를 갈아 줘야 할 어린 사촌 동생들과 어른들이 아무도 없는 집을 지켰던 경험이 있습니다.

밖에는 어둠이 깔려 오고 창문은 바람에 덜컹거리는데(일본식 집이라 창문이 많았음) 어른들은 오지 않고 무서워 죽는 줄 알았습니다. 어른이 혼자서 집을 지키며 아이들을 보살피는 것과는 완전히 다른 상황인 거죠.

어른들은 어린아이가 집을 보며 이렇게 무서워한다는 사실을 알기나 할까요? 그런 사실을 이해할 수 있을까요?

이렇듯 어른 입장에서 어른의 눈으로 보고 생각하기에 어른처럼 완벽하게 해내지 못하는 아이를 보면 화가 나고 짜증이 나는 거죠.

앞의 예에서 보았듯이 아이가 어른처럼 완벽하기를 바라는 부모의 태도에는 생각할 점이 없을까요? 다시 말하면, 아이도 나름대로 최선을 다했다는 점을 생각하고 인정하며 칭찬하고 격려해 줘야 한다는 말입니다.

이때, 작은 실수는 눈감아 주고 아이에게 이런 말을 해 주었다면 어땠을까요?

"오늘 동생 데리고 집 본다고 많이 힘들었지? 그래, 수고 많았다."

"우와, 대단하네. 이제 혼자서도 집을 잘 보는구나. 많이 힘들었지?"

이렇게 칭찬하고 격려해 주면 얼마나 좋을까요. 이처럼 대개는 아이를 어른의 눈높이에서 봄으로써 생기는 문제가 아닌가 합니다.

그리고 비교하는 거죠. 이웃집 아이와 비교하여 우리 아이를 꾸짖고 나무라는 겁니다. 아이에게 웬만하면 "참 잘했네!"라고 칭찬하고, 크게 잘하지 않아도 "잘했구나. 수고했다."라고 칭찬해 주면 아이도 왠지 으쓱해할 텐데 말입니다.

아이의 잘못한 점만을 매의 눈으로 지켜보는 부모 본인이 정말 문제라는 사실을 모르는 것이 더 큰 문제입니다.

"이게 무슨 말 같지 않은 말이냐?"라고 못마땅해하는 분도 계실 겁니다. 아이가 잘못하는 것을 꾸중하고 나무라는 것은 부모로서 당연한 일 아니냐고 되묻겠지요.

물론 틀린 말은 아닙니다. 맞는 말이지요. 하지만 매사 꾸중만 하니 문제라는 겁니다. 아이는 아이일 뿐인 것을 말이죠. 아이를 자꾸만 성인으로 생각하고는 마음에 들지 않는다고 하여 나무라는 것이 맞냐는 것입니다.

이것이 무엇을 말하는지 아시겠지요. 호흡을 길게 하고 다시 한번 천천히 생각해 보셔야 합니다. 생각을 바꾸면 부모님과 아이 모두가 행복할 수 있는 겁니다.

항상 격려와 칭찬을 받으며 자라는 아이와 아이의 능력만큼에 만족할 줄 아는 부모는 항상 즐겁고 행복할 수밖에 없지 않을까요?

"칭찬할 일이 있어야 뭐 칭찬을 하죠."

"칭찬할 일이 없다는 말씀입니까? 내 아이가 아프지 않고 두 발로 열심히 걷고 뛰어노는 것은 칭찬할 일이 아닌가요? 내 아이가 두 눈을 뜨고 앞을 볼 수 있다는 것은 크게 복 받은 일 아닌가요? 작은 것에 감사해야 합니다."

생각해 보면 감사하고 칭찬할 일이 셀 수 없을 만큼 많이 널려 있다는 사실을 알 수 있을 것입니다.

'왜 누구보다 못할까?'라고 비교하니 더 화가 나고 불만인 거죠. 그 아이는 그 아이이고, 내 아이는 내 아이인 겁니다. 다르다는 말이지요. 사람마다 모두 다르다는 것을 인정해야만 합니다. 모두가 다른 것이지요. 성격도 능력도…. 같은 종류의 꽃도 지역에 따라 피는 시기가 다르고, 종자에 따라 꽃의 모양이 다른 것과 마찬가지입니다.

아직 미성숙한 아이이니까 조금 부족한 게 정상인 겁니다. 그 정도면 참 잘한 거라 생각해야 하는 거죠. 항상 우리 아이가 부족하다고만 생각하고 여태껏 아이를 죽어라 나무라고 꾸중했던 겁니다. 아이는 나름대로 최선을 다하고 있을 거라는 생각은 해 보지 않았을까요?

아이를 아이로 보지 않고 항상 어른의 눈으로만 보게 되면 언제나 부족한 면만 볼 수밖에 없는 겁니다. 어른으로 성장해 가는 아직 어린아이가 할 수 있는 만큼을 한 것이지요. 서서히 성장해

가는 아이의 모습이 대견하고 자랑스럽다는 생각을 해야 할 것입니다.

아이들이 조금 부족한 것은 지극히 정상적인 것입니다. 지극히 정상적인 것에 대해 화를 내고 꾸짖는 것은 어쩌면 코미디가 따로 없는 거죠.

부모는 아이들의 부족한 부분에 대해 더욱 격려하고 타이르며 편안하게 이끌어야 할 것입니다. 격려받고 칭찬받지 못하고 자란 아이는 결국 어떤 어른으로 성장할까요? 결코 자신의 소신이나 생각을 당당하게 밀고 나갈 수 있는 튼실한 어른으로 성장할 수는 없을 것입니다. 지나치게 남의 눈치를 보고 실패를 두려워하는 용기 없는 쪼잔하고 볼품없는 어른이 될 수밖에 없지 않을까요? 이런 환경에서 자란 아이는 결코 친구나 동료들 사이에서 좋은 이미지를 가진 매력 있는 어른으로 성장할 수는 없을 것입니다.

지식을 쌓기 위해서는 공부를 열심히 하면 되지만 지혜를 늘리기 위해서는 이질적인 것들을 만나야 한다. 새로운 생각은 이질적인 환경에서 나오기 때문이다. 습관대로 할 수 없는 상황에 놓이면 우리는 고민하게 되고 그 고민에 대한 답이 축적되면 지혜가 된다. 사람은 누구나 이질적인 상황을 만나면 불편한데 이는 습관처럼 해오던 태도로는 대응할 수 없기 때문이다. 이때 우리는 새로운 대응을 고민하게 된다. 그리고 그와 유사한 다른 상황에서 이때의 고민을 다시 응용함으로써 보다 쉽게 문제를 해결하게 되는데, 이것이 바로 지혜이다.

(중략)

지혜를 키우기 위해서는 다양한 환경을 만나야 한다. 새로운 사람, 새로운 학문, 새로운 환경……. 지혜로운 사람은 다른 결과를 낳는다. 돌을 깎는 기술자가 아무리 섬세하게 세공을 할 수 있다 해도 다비드상을 조각하지 못하는 것은, 큰 돌덩어리에서 정해진 모양으로 깎아내는 기술만 익힌 탓이다. 하지만 미켈란젤로는 같은 돌덩어리에서 피에타의 성모나 다비드를 발견했다. 이것이 바로 창의적 지혜다. 여기서 '창의력'이란 하늘 아래 없던 것을 창조하는 것을 말하지 않는다. 어딘가 존재하는 것들을 드러내고 결합하고 빛내는 능력을 가리킨다.[24]

이 말처럼 다양한 환경을 만나기를 거부하거나 새롭고 이질적인 환경에 놓이거나 실패하는 것을 두려워해서는 지혜를 얻을 수 없을 것입니다.

우리의 자식들을 항상 칭찬과 격려 속에서 자라게 하여, 지혜롭고 여유로운 마음과 멋진 품성을 가진 매력 있는 사람으로 성장시켜야 할 것입니다.

---

24) 박경철, 『(시골의사 박경철의) 자기혁명』, 리더스북, 2011.

부모가 아이를 거짓말쟁이로 키운다

아이들은 정말 순수하고 영혼이 맑지요. 하지만 순수한 것하고 거짓말하는 것하고는 좀 다른 것 같습니다.

교실에서 친구들과 다투던 아이들을 불러 물어봅니다.

"철수, 왜 그랬나요?"

"저는 가만히 있는데 얘가 자꾸 괴롭혀요."

"동길이 너, 왜 가만히 있는 철수를 괴롭혀?"

"선생님, 저는 가만히 있었는데 쟤가 먼저 그랬어요."

이처럼 두 사람 모두 본인은 가만히 있었고, 전혀 잘못이 없다는 겁니다. 둘 다 가만히 있는데 다툼이 일어날까요? 자기방어를 위해 이렇게 눈도 깜짝하지 않고 거짓말을 합니다.

그러면 선생님은 이렇게 거짓말을 하는 아이에게 심한 꾸중을 해야 할까요? 장 폴 사르트르가 "나는 태어날 때부터 거짓말을 상속받았다."라고 말한 것처럼 경우에 따라 누구나 거짓말을 할 수 있는 거죠. 그렇기에 아이들이 하는 거짓말에 대해 지나친 체벌이나 꾸지람을 하면 기대와는 달리 거짓말은 횟수를 더하고, 아이는 더 뻔뻔해지기도 합니다.

거짓말이라는 사실을 들켰을 때, 너무 큰 체벌이나 비난을 받을 수 있다면 아이로서는 이를 숨기기 위해 또 거짓말을 할 수밖에 없는 거지요. 이를테면 아빠가 아이의 사소한 잘못에 대해 너무 지나친 벌을 가한다면 아이로서는 거짓말을 할 수밖에 없을 것입니다. 다급한 상황을 모면하기 위한 아이의 거짓말을 알 리 없는 부모는 아이의 말을 믿는 거지요. 아니, 믿고 싶은 거죠.

학교에서 아이에 대해 부모와 상담을 할 때 "절대로 내 아이가 그럴 리가 없다."며 한사코 부인하고 나서면 할 말을 잃어버리고 맙니다.

몇 해 전 근무하던 학교에 자주 문제를 일으키는 아이가 있었습니다. 이 아이는 쉬는 시간과 공부 시간을 막론하고 친구들을 괴롭히고 학교 기물을 발로 차거나 파손시키는 일이 다반사였습니다.

어느 날은 고의로 복도에 세워 둔 화분을 발로 차서 깨기도 했습니다. 심지어 그러한 행동을 하고도 전혀 반성하는 태도는 보이지 않고 그냥 "실수로 그랬어요."라고 말하며 얼렁뚱땅 얼버무렸습니다.

이 아이의 아빠는 자녀들의 잘못을 보면 일방적으로 매우 심하게 꾸중을 하는 것으로 동네에서도 소문이 난 사람이었습니다. 그러다 보니 아이들은 집에서는 아빠 때문에 꼼짝을 못하고 바짝 엎드려 사는 것이지요.

그러다가 잘못이 발각되면 아빠의 거센 기세에 눌려 거짓말로 둘러대며 순간적으로 위기를 모면하는 습관이 굳어진 것으로 보였습니다. 아빠의 체벌을 피하기 위해 종종 거짓말을 하면서 사는 거지요.

이 아이는 학교에서 친구들을 괴롭히다 학교 폭력 관련 위원회에 종종 회부되었는데, 그때마다 아들 변호를 위해 아빠가 출석하면 다들 아빠와는 아예 말이 통하지 않는다고 합니다.

아이는 아이대로 "나는 절대 그러지 않았어요."라고 말하고, 아빠는 "우리 아이는 절대 거짓말을 하지 않습니다."라고 말하는 겁니다. 그리고 아빠는 한마디 덧붙입니다.

"우리 아이는 평소 아빠 말을 잘 듣는 아이이기 때문에 더욱 거짓말을 하지 않습니다. 이것은 우리 아이를 의도적으로 모함하는 것입니다. 학교에서 이럴 수가 있습니까?"

이런 식으로 대응하니 말이 통하지 않는다는 것입니다.

가정에서 아빠가 심하게 꾸중하고 질책하다 보니 학교에 오면 아이의 억눌렸던 감정이 폭발하면서 일탈 행동을 일삼게 되는 게 아닌가 생각되기도 했습니다.

그리고 아이들이 부모와 같이 대화하거나 관심받을 시간이 거의 없다 보니 관심을 끌기 위해 무리한 일탈 행동을 자주 하는 것 같기도 했습니다. 그럴 때마다 아빠는 "절대 그럴 리 없다."라며 자신의 편을 들어주니 아이가 막무가내로 행동하는 것이었지요.

억지로 우기면서 본인의 주장만 되풀이하는 아이 아빠의 모습에서 안타까움을 느낍니다.

회사원이 되겠다는 아이

　지금으로부터 약 30년 전인 1990년대 초반, 어느 초등학교에서 근무할 때의 일입니다.

　저는 2학년 담임이었는데, 수업 중 자신의 장래 희망을 말해 보는 시간이었습니다. 그 당시에는 대체로 남학생들은 대통령, 장군, 과학자, 경찰관이 되겠다고 말했고 여학생들은 선생님, 간호사가 되겠다고 했습니다.

　학생들이 대통령, 장군, 과학자 등으로 자신의 장래 희망을 발표하고 있는데, 어느 남학생 하나가 일어서더니 "저는 회사원이 되고 싶습니다."라고 당당하게 발표를 하는 것이 아니겠습니까?

　저는 순간 깜짝 놀랐습니다. 전혀 생각지도 않은 말을 하는 아이를 보고 속으로 생각했습니다. '내가 무슨 말을 들었지?' 놀란 가슴을 쓸어내리면서도 일단은 태연하게 "그래, 너는 회사원이 되고 싶구나!"라고 말했습니다. 속으로는 '아, 세상이 바뀌고 있구나.'라고 생각했습니다. 부모로부터 "너는 커서 회사원으로 평

범하게 살면 좋겠다."라는 이야기를 듣기라도 한 걸까요? 일과를
마친 후 빈 교실에 앉아 그 아이를 생각해 보았습니다.

부모는 작은 트럭에 채소 등을 싣고 여러 동네를 다니면서 장
사를 하는 분이었습니다. 그 아이는 외아들이었고, 가정적으로
특별히 어려운 부분이 있는 것 같지는 않았습니다. 어머니는 미
장원을 운영하시는지 휴일이면 경로당에 가서 어르신들의 머리를
잘라 드리는 봉사를 한다는 이야기를 들은 적이 있습니다.

아무튼 여태껏 들어 보지 못한 이야기를 들은 날이라 저로서
는 큰 충격이었지요.

'이제 우리나라도 삶에 대한 철학이 현실적인 방향으로 바뀌어
가는구나. 상상할 수 없던 일이 일어나고 있구나. 겉치레보다는
소박하고 실질적인 것을 추구하는 것이 일반화되려 하는구나.'

한편으로는 처음 듣는 말이라 충격이었지만, 또 한편으로는 참
으로 바람직한 방향으로 변하고 있다는 생각을 했지요.

우리나라는 예로부터 높은 벼슬자리를 차지해야만 출세하고
성공한 사람으로 여겼기에 모두 대통령이나 장군이 되고 싶어 한
거죠. 자신의 능력과 처지하고는 상관없이 무조건 높은 자리를
차지해야 한다는 생각에서 변화가 시작된 거라고 한다면 꽤 충격
적인 변화라 할 수 있죠.

30여 년이 지난 지금, 정말 회사원이 되는 것이 보통 사람들의

꿈인 현실이 왔습니다. 코로나19로 요즘같이 어려운 시절에는 어디라도 회사에 취직만 된다면 '땡큐!'지요.

아이와의 약속은 꼼꼼하게 확인하라

30년쯤 전 어느 해, 4학년 학급 담임을 맡았을 때의 일입니다.

앞에서도 밝혔듯이 저는 숙제 검사와 일기 검사를 매일 했습니다. 그런데 큰 문제가 생겼습니다. 어느 날 숙제 검사를 하는데 어느 학생이 공책의 첫째 줄에만 무엇인가를 쓰고, 둘째 줄에는 '숙제 끝.'이라는 글을 써서 검사를 받기 위해 줄을 선 것입니다.

저는 무심코 '참 잘했습니다'라는 글이 쓰인 동그란 도장을 찍으려다 말고 앞의 페이지로 공책을 넘겨보았습니다. 그런데 아무것도 없는 텅 빈 백지가 아니겠습니까? 선생님의 눈을 속이기 위해 백지 다음 페이지에 '숙제 끝.'을 쓴 것이었습니다. 저는 얼굴색이 변하면서 화난 목소리로 말했지요.

"너 이 녀석, 선생님을 속이려 했구나! 용서할 수 없다. 손바닥 내!"

회초리로 아이의 손바닥을 힘껏 내리쳤습니다. 그때는 '선생님의 눈을 속이려 하다니, 나쁜 녀석!'이라고 생각했습니다.

그렇게 또 몇 달이 흘러 어느 날, 숙제 검사 시간이었습니다. 이 아이는 지난번처럼 또 그렇게 하다 발각이 되었습니다. 순간 생각했지요.

'어, 이 녀석이 왜 또 같은 방법을 썼지?'

그때 불현듯 머리를 스치고 지나가는 생각이 있었습니다.

'이것은 아이의 잘못이 아니라 나의 잘못이 아닌가! 그래, 이것은 평소 숙제 검사를 건성건성 했던 나의 잘못이야!'

그래서 아이에게 말했지요.

"동수야, 이건 너의 잘못이 아니고 선생님의 잘못이구나. 선생님이 눈속임의 빌미를 주었구나. 다음에는 이러면 안 돼."

그렇게 낮은 목소리로 타이른 적이 있습니다.

무조건 아이의 거짓 행동만 탓할 것이 아니라, 선생님이나 부모의 잘못된 행동 때문에 아이가 그럴 수밖에 없었던 상황은 아닌지 돌아볼 좋은 기회였습니다. 철없는 아이들에게 잘못의 모든 책임을 떠넘긴 때는 없었는지 깊이 생각해 볼 일입니다.

콘크리트 편견으로 무장된
부모가 아이를 망친다

지인 중에 두 아들을 둔 분이 있습니다. 남편은 서울의 최고 명문 대학을 졸업하고 좋은 회사에 다니다 지금은 개인 사업을 한다고 합니다. 어려운 집안에서 자라 명문 대학을 졸업하고 나름 자수성가하여 중류 이상의 생활을 하는 집이지요.

그런데 이 집에는 자식들 문제로 부부간 잦은 다툼이 있다고 합니다. 아이들이 고등학교를 졸업할 때까지 아이들 엄마는 학부모회의 임원을 맡는 등 아이의 뒷바라지를 나름대로 열심히 하기도 했습니다. 그리고 학원도 남 못지않게 보내고 집에서 그리 멀지 않은 학교지만 등교는 물론 하교 시에도 시간을 아끼기 위해 매일 차로 태워다 주기까지 했습니다. 아들 둘은 지방의 이름이 잘 알려지지 않은 대학을 갔습니다. 엄마는 밑반찬은 물론 아들이 불편하지 않게 항상 노심초사하며 챙기고 위해 주었습니다.

그런데 아이들의 아빠는 언제나 불만이었습니다. 가족 모두에 대한 불만이었습니다. 본인은 그 어려운 가정 여건에서도 열심히 공부하여 명문대에 합격했는데, 자식들은 부족함 없는 여건에서 뒷바라지를 충분히 해 주고 많은 돈을 들여 과외까지 시켜 줬는데도 대학 진학에서 기대에 미치지 못하니 그것이 도대체 마음에 안 드는 것입니다. 그러다 보니 아이들에게는 막무가내로 불만 섞인 말을 거칠게 쏟아냈고, 이런 일이 잦다 보니 아이들은 주눅이 들어 아빠에게 말 한마디 못하는 상황이 계속되었습니다. 아이의 엄마에게는 "도대체 그동안 아이들 교육을 이렇게밖에 시키지 못했냐?"라고 말하며 고함을 지르고 책망하는 것으로 하루가 다 갈 지경이었습니다. 아이의 엄마가 말이라도 할라치면 매번 "그만됐어!"라는 투로 말문을 막아 버리는 상황이었습니다.

그러다 보니 아이의 엄마는 그 스트레스로 인해 몸이 안 아픈 데가 없어 하루에도 몇 군데의 병원을 드나드는 신세가 되었습니다.

그러던 차에 큰아들은 대학 졸업이 다가오자 취직 문제가 맘에 걸렸던지 외국으로 유학 가서 새로 공부를 하겠다느니, 무슨 전문직 자격을 따기 위한 공부를 새로 시작하겠다고 한답니다. 그런 이야기를 듣고는 '참으로 쉽지 않은 상황이구나.'라고 생각했지요.

그럭저럭 시간이 흘러 졸업을 하게 되었고, 어느 중견 회사에 취업하여 다니던 중 도난 사건의 범인으로 몰리는 일이 생겨 회사를 그만두게 됩니다. 이후 아이의 엄마는 자식을 위해 뭔가를 해 주기 위해 작은 가게를 개업했는데, 여기서 가능성을 발견하면 큰아이에게 맡겨 볼 생각이었답니다.

그러던 중 또 사건이 생깁니다. 아이가 인터넷 도박을 하여 엄청난 돈을 잃고 여기저기에서 카드 빚까지 졌다는 사실이 밝혀진 것입니다. 아이의 아빠는 대노하게 됩니다. 그리고는 심하게 꾸짖으며 아이를 집에서 무일푼으로 몇 달간 쫓아내기도 했답니다. 그러다 다시 집에 들였는데, 또다시 상당 금액을 훔치기도 하고, 도박으로 수천만 원을 잃고 빚을 졌다고 합니다. 이 사실을 알고 아이의 아빠는 불같이 화를 내며 아이를 꾸짖고 구석으로 내몰았습니다. 그러자 아이 엄마는 이건 필시 큰 병이라는 생각에 정신과 치료를 비롯한 도박 중독 치료를 받기도 하는 등 아이 살리기에 정신이 없었습니다.

그럴 즈음, 아이의 엄마는 내게 상담 전화를 해 왔습니다. 어떻게 하면 좋겠냐는 다급한 목소리였습니다. 그래서 일단은 아이를 안심시키고 따뜻하게 품어 주면서 차근차근 대화하라고 했습니다.

그러면서 '원인은 의외로 단순한 곳에 있지 않을까?'라는 생각을 했지요. '항상 아빠의 윽박지름과 고함 섞인 꾸지람에 기를 펴지 못하는 생활에서 탈출하려는 심리적 욕구가 이처럼 도벽이나 도박 중독으로 나타나지는 않았을까?'라는 생각이 들었습니다. 그리고 '한꺼번에 많은 돈을 벌어서 아빠에게 인정받으려는 심리적 욕구를 충족하기 위해 도박을 하지 않았을까?'라는 생각도 들었지요.

결국, 이 가정은 아이 아빠가 문제라는 생각을 했습니다. 자신은 힘들고 가난했던 어린 시절에도 열심히 공부하여 우수한 성적을 받았는데, 충분한 후원을 받고 있는 자식들이 공부를 잘하지 못하는 것이 도대체 이해가 되지 않는 것입니다. 아니, 이해해 보려는 마음이 아예 없는 것이지요.

그리고 이와 관련해서는 누구의 말도 듣고 싶지 않은 것입니다. 자신의 '성공 경험'이 있기에 다른 사람도 열심히 공부하면 반드시 성공할 수 있다고 믿는 것, 바로 그것이 문제입니다. 그렇습니다. 바로 여기에 함정이 있습니다.

이 아빠의 어리석음은 두 가지입니다. 첫째, 사람마다 개인차가 있는데 그 개인차를 인정하지 않는 어리석음입니다. 둘째는 자신이 가진 고정관념을 깨려는 의지조차 없는 어리석음입니다.

그리고 이 사람은 자신처럼 명문 대학을 졸업하지 않으면 사회적 성공을 할 수 없다는 자기 신념이 콘크리트처럼 강한 사람입니다. 누구나 풍족한 환경에서 열심히 공부하면 좋은 성적을 낼 수 있다는 엄청난 착각이 부른 오류가 아닌가 생각됩니다.

각자가 가진 능력은 모두 다르며, 개인차가 있다는 사실을 안다면 대응하는 방식도 달라지는 것은 당연한 이치입니다. 기대치를 조정해야 하는 거죠.

'아, 우리 아이는 이 영역에서는 이만큼이구나!'라고 말입니다. 그렇다면 이 아이에게 내가 기대하는 수준도 그만큼으로 맞추어야 할 것입니다. 그리고 이 아이가 잘할 수 있는 일은 무엇인지에 대해 편한 마음으로 대화하고 안내해 준다면 가족 모두가 얼마나 행복할까요?

시대가 변했고 정보가 넘쳐 나는데도 어떻게 혼자만 다 아는 것처럼 아내를 비롯한 다른 사람들의 의견은 아예 들으려고도 하지 않을까요? 그 무모한 자신감은 도대체 무엇일까요?

영국의 사학자 아놀드 조셉 토인비는 "역사의 흐름 속에 계속 나타나는 도전적 과제에 대응하여 창조적 소수가 응전에 성공하는 과정에서 역사는 계속 발전할 수 있다."라고 하면서도 "한 번 응전에 성공한 창조적 소수는 자기의 능력과 방법론을 우상화하는(휴브리스) 오만을 범하기 쉽고, 이 오만은 그를 파멸로 이끌 수 있다."라고 했습니다.[25]

바보가 따로 없고 무식함이 따로 없는 것이죠. 유명 대학을 졸업하면 뭐하나요. 본인이 바로 바보이고 무식자인 것을. "세 사람이 길을 걸으면 문수보살의 지혜가 나온다."라는 말의 의미를 새겨 볼 일입니다.

한참 뒤에 들어 보니 작은 방을 한 칸 얻어 아들을 내쫓았다가 다시 집으로 불러들였다고 합니다. 그리고 아빠도 이젠 아이에게 너무 큰 기대를 한 자신을 후회하며 많은 부분 내려놓은 것 같다고 합니다.

---

25) 공병호, 『부자의 생각 빈자의 생각』, 해냄출판사, 2005.

참으로 쉽지 않은 일이지만 그랬다니 그나마 다행한 일이지요. 그러니 아이도 자연스레 아빠에 대한 거리감이나 두려움이 옅어지고 많이 좋아지고 있다 합니다.

아빠는 어려웠던 본인의 어린 시절을 생각하며 식구들에게 경제적으로 풍족한 생활을 누리도록 했습니다. 그러면서 제왕적 권력을 행사했고 부인은 물론 아이들이 그만큼 자기 직분을 잘 해 주기를 바랐던 겁니다.

그것을 모를 리 없는 아들은 심리적으로 무척 불안했던 거죠. 그래서 대학 졸업이 가까워지자 취직이 걱정됐고, 실력이 갖추어지지 않은 상태에서 도피를 위해 외국 유명 대학으로 유학하겠다는 등 아무 말이나 해 본 거죠. 뭐, 외국의 유명 대학은 아무나 입학할 수 있나요?

부모에게 허세라도 부려야 하는 상황이었던 거죠. 결국은 아무 것도 하지 못하고 취직한 곳에서 퇴직하고, 그 와중에 또 도박으로 큰돈을 잃었죠. 아이가 이렇게 된 원인 중 큰 부분은 바로 아빠의 무지함과 오만함 때문일 것입니다. 본인은 그 원인을 모두 부인 탓, 아이 탓으로 돌려 버리고 아무 죄 없는 사람처럼 굴었으니, 정말 큰일인 거죠.

이 집안의 상황을 호전시킬 수 있는 사람은 오직 아이들의 아빠가 아니었나 합니다. 본인의 성역 같은 편견이 온 집안을 비정상으로 만들어 놓은 거죠. 극단적으로 무식한 분이 극단적으로 아는 척하는 것이 문제의 근원이 아닌가 합니다. 이후 아이의 아빠가 차츰 변하면서 아들도 다시 어느 중견 기업에 취직하여 출근을 앞두고 있다는 반가운 소식을 들었습니다.

이 집의 부모 모두가 그래도 여태껏 선하게 살아왔고, 독실한 믿음을 바탕으로 종교 생활도 열심히 하고 있기에 결국에는 행복하고 사랑이 넘치는 가정으로 회복되리라 생각합니다.

자기 신념이 너무 강한 부모,
아이에겐 오히려 독이다

"연습 없이 태어나 연습 없이 살다가 연습 없이 죽는다."라는 말이 있습니다. 이 말이 틀린 건 아닌 것 같습니다. 아이의 교육도 이와 별반 다르지 않다는 생각이 듭니다.

많은 사람이 부모 교육도 변변히 받지 않았는데 어쩌다 부모가 되었고, 그러다 보니 어떻게 해야 부모 노릇을 제대로 하는지도 모른 채 부모로 살고 있는 겁니다.

부모 중에는 아이에게 하는 자신의 말과 행동이 바른지 아닌지 꾸준히 의심하면서 한 발 한 발 조심스럽게 접근해 가는 유형이 있는가 하면, 의심의 여지 없이 자신의 방법이 최선이라고 믿으며 정말 근거 없는 자신감으로 아이들을 일방적으로 몰아가는 유형이 있습니다.

제가 경험한 바로 정말 위험한 경우는 후자입니다. 특히 본인의 마음에 들지 않으면 무조건 아이를 심하게 나무라고 벌해야만 하는 것으로 착각하는 부모가 정말 위험합니다. 이러한 유형의 부모 밑에서 자란 아이들은 성격 장애 등 여러 가지 부정적인 결과를 보이는 경우가 종종 있습니다. 심지어 특정한 성에 대한 기피 현상과 함께 말문을 완전히 닫아 버리는 경우도 있고, 거짓말을 상습적으로 하거나 도벽, 도박 중독에 걸리는 등 다양한 증상을 보이죠.

그런데 더욱 위험한 것은 아이의 그러한 증상들의 주요한 원인 제공자가 부모 자신이라는 사실을 모른다는 것입니다. 그리고 상담자가 "당신 때문에 아이가 이렇게 됐을 가능성이 많다."라는 말조차도 꺼내기 어려운 고지식하고 닫힌 부모라는 사실이 더욱 안타까운 거지요. 이러한 사실을 부모 중 어느 한 사람에게 말한다고 해도 워낙 본인의 신념이 강하여 그 말을 전해 줄 수 있는 상황이 아닌 경우가 대부분이어서 더욱더 절망적이라는 것입니다.

이런 경우, 아이는 아예 부모와의 대화 자체를 거부합니다. 그러다 보니 아이는 더욱 부모의 눈 밖에 나고, 그럴수록 부모가 아이를 강하게 꾸짖고 몰아붙이는 악순환이 이어지는 겁니다. 서로를 미워하고 원망하는 상황으로 굳어지게 되는 거죠. 이런 의미에서 보면 정말 부모 교육이 얼마나 중요한지 새삼 생각하게 됩니다.

반면, 아이의 교육에 대하여 부모 본인이 '내가 과연 잘하고 있는가?'라고 스스로 의심하면서 조심스레 접근하는 가정에서는 대부분 별다른 문제가 발생하지 않습니다. 이러한 가정에서는 가족들 간의 소통도 부드럽고 자연스레 이어지기 때문에 큰 문제가 없는 것이지요.

부모의 주관적인 생각이 너무 강하여 아이들을 일방적으로 몰 아붙이게 되면 자식들은 그 기세에 눌려 겉으로 순종하는 척합니다. 그러나 전혀 예상하지 못한 여러 가지 문제를 일으키곤 하지요. 신념이 너무 강하여 자식들에게 일방적으로 지시하고 부모의 뜻에 따르도록 강요하는 행위야말로 대단히 위험한 것 아닌가 합니다.

가정의 분위기는 부드럽고 평화로워야 합니다. 이것이야말로 아이들을 멋지게 키울 수 있는 거름이고 자양분이라 할 수 있는 거죠.

종종 권위만 지나치게 내세우는 아빠와 남을 지나치게 의식하는 엄마 등 겉치레에 치중하는 부모가 있습니다. 이들은 아이들이 무슨 생각을 하고 있는지, 어떤 것을 말하고 어떤 것을 진정으로 하고 싶어 하는지를 세심하게 배려해 주지 못합니다. 이런 부모들을 보면 실로 안타까운 마음이 듭니다.

이와 관련하여 매우 흥미로운 주장을 하는 이가 있습니다.

> 미국의 심리학자 소냐 류보머스키 교수는 행복을 결정하는 요소로 '유전적 요인'이 50%, '환경'이 10%, 각자의 '의도적인 활동'이 나머지 40%를 결정한다고 한다. 직업, 건강, 결혼 등 '환경'이 행복에 미치는 영향이 10% 정도에 불과하다는 사실은 의외다.[26]

---

26) 이종선, 앞의 책.

예순을 넘게 살아오면서 뒤돌아보니 '아이의 많은 부분은 부모'라는 생각이 듭니다. 이렇게 건강한 것도, 건강을 위해 노력하는 마음을 가지는 것도, 잘못을 고쳐야겠다는 생각을 하는 것도, 긍정적인 생각을 가질 수 있는 것도, 그것을 위해 노력하는 정신 자세도 모두 부모에게 받은 것이죠.

그러니까 태어날 때부터 지금까지의 거의 모든 부분이 부모로부터 받은 영향(유전적 또는 환경적)이라는 것입니다. 따라서 부모가 아이를 대할 때는 결코 함부로 말하고 행동해서는 안 된다는 겁니다. 그것은 부모의 많은 부분이 아이의 성장에 크게 영향을 미치기 때문입니다. 적어도 정상적인 아이로 키우려면 그 부모가 여러 가지로 더 많이 생각하고 자식을 대해야 할 것 아닌가 합니다.

게임의 규칙이 바뀌는 순간을 인지하라

앞의 어느 부분에서도 잠시 언급하였습니다만, 휴일을 맞아 시립미술관에 들러 여러 작품을 감상한 적이 있습니다. 그러다 '엄마에게 속았다. 내가 너를 어찌 키웠는데'라는 붉고 푸른 글씨가 쓰여 있는 작품을 보았습니다. '엄마에게 속았다.'라는 것은 엄마에게 뭘 속았다는 말일까요?

'공부만 열심히 하면 성공할 수 있다 하더니만 취직도 안 되고…'
'공부만 열심히 하면 좋은 대학 들어간다더니만…'
'공부만 하면 장가도 잘 간다더니만…'
'공부, 공부, 공부만 열심히 하면 모든 성공이 보장된다더니만…'

오른쪽의 '내가 너를 어찌 키웠는데'라는 말은 그래서 어쨌다는 것일까요?

'새벽같이 일어나서 밥을 챙겨 주면서 키웠는데 아직 백수로 있고….'

'있는 돈, 없는 돈 모아서 뒷바라지했는데 변변한 직장도 못 구하고 임시직 알바나 하고….'

'마음껏 입지도 먹지도 못하고 아껴 가며 너를 위해 살았건만, 부모 용돈도 제대로 챙겨 주지 못하는 놈….'

이런 의미가 담겨 있겠지요.

두 쪽 다 틀린 말은 아닌 것 같습니다. 아이는 부모님이 시키는 대로 모든 걸 꾹 참고 공부만 했는데 도대체 되는 것이라고는 없어서 부모가 원망스러울 것입니다. 부모는 돈과 시간 등 모든 걸 희생하면서 자식 뒷바라지를 했는데 돌아오는 것은 없고 언제까지 희생만 하라는 것인지 억울할 것입니다. 이렇게 서로 원망하는 상황을 말하는 것 같습니다.

여기서 문제는 무엇일까요? 아이는 부모가 시키는 대로 열심히 시험공부를 했다는 겁니다. 부모는 열심히 공부하라고 시키면 다 잘될 것이라 보았던 거고, 아이는 '시키는 대로 열심히 공부만 하면 뭔가 잘되겠지.'라는 생각으로 오로지 공부에만 시간을 최대치로 쏟은 거죠.

시간을 적절히 안배하지 않고 오로지 시험공부 한 곳에만 '몰

빵'을 한 겁니다. 공부를 해서 거둘 수 있는 최대치가 개인마다 다르고, 취향이나 능력이 모두 다르다는 것은 아예 생각하지 않고 그냥 열심히 공부만 하면 되리라고 봤던 거지요.

미래에 대한 세밀한 분석과 정확한 진단 없이 막연히 추정한 것에 인생의 중요한 시간과 열정을 몽땅 쏟아부었으나 돌아온 결과는 너무나 실망스럽고 초라한 거라니. 이 허망함을 어찌할까요? 부모와 자식 간에 서로 원망만 남은 상황이지만, 그사이 세상이 많이 바뀌어 버린 걸 어찌하나요? 그사이 게임의 규칙이 바뀌어 버린 걸 어떡하나요?

공부는 능력껏 하면서 컴퓨터, 컴퓨터 프로그래밍, 컴퓨터 언어 등은 물론 독서, 운동 등 취미 생활을 하고 여유를 즐기면서 상상력을 키우고 세상이 어떻게 변화하고 있는지에 대한 감각도 익히면서 시간을 보냈어야 하는데….

그야말로 망망대해의 외로운 쪽배가 되었네요.

에너지 넘치는 우리 아이 어쩌면 좋아요

몇 해 전 어느 학교에서 교장으로 근무할 때의 일입니다.

밝은 표정을 한 잘생긴 초등학교 3학년 남자아이가 있었습니다. 이 아이는 아침 일찍 등교하여 거의 매일 친구들과 어울려 놀거나 운동을 했습니다. 그리고 쉬는 시간이면 어김없이 친구들과 축구를 하거나 술래잡기를 하는 등 활발하게 몸을 움직이는 일에 시간을 보냈습니다. 때로는 놀이 규칙 때문인지 서로 눈을 부라리며 다투기도 했습니다. 이 아이는 볼 때마다 그 그룹에 주도적으로 참여하는 것 같았습니다.

이렇게 활동적이다 보니 하루에도 몇 번씩 저의 눈에 띄는 특별한 아이였습니다. 평소에 이러한 행동 특성을 가진 아이라 교실 수업에서는 어떤 모습인지 은근 궁금하기도 했지요.

어느 날 우연히 방과 후 영어 과외 활동을 하는 이 아이를 관찰할 기회가 있었습니다. 이 아이는 수업에 집중했고, 매우 활발하게 참여하고 있었습니다. 종합적으로 참 멋진 아이라는 생각이 들었지요. 정말 건강하고 잘생긴 외모에 밝은 표정으로 학교 생활을 성실히 하는 멋진 아이라 생각되었습니다.

'이 아이의 부모는 어떤 분일까?'라는 생각이 들었습니다. 그러던 어느 날 우연히 이 아이의 부모를 알게 되었습니다. 우리 학교의 학부모회에서 활동하는 분의 아들이었던 것이지요. 그러다가 저는 이 아이와 어머니가 다정하게 손을 잡고 운동장으로 걸어가는 장면을 보게 되었습니다.

"참으로 멋진 아들을 두었네요."

"그렇지도 않습니다. 교장 선생님."

"사실 이 아이가 좀 특별난 데가 있어서 관심 있게 지켜보고 있었습니다. 쉬는 시간마다 땀을 흘릴 정도로 친구들과 작은 그룹을 지어서 열심히 놀이를 하는 모습이 인상적이었답니다. 거기다 얼마나 미남인지 영화배우를 해도 되겠어요. 그리고 일전에는 교실 수업에 임하는 장면을 우연히 보게 되었는데, 수업 시간에도 잘 집중하면서 적극 참여하던 걸요. 정말 멋진 아이입니다. 앞으로 뭘 해도 성공할 아이인 것 같아요."

이 아이의 어머니는 편안한 인상에 평범한 가정주부로 보였습니다. 아이는 위로 누나가 한 명 있다고 했습니다. 집안의 분위기는 편안하고 가족 간의 소통도 잘되는 집이라 아이들과도 대화를 편하게 잘하는 것 같았습니다.

그러던 어느 날이었습니다.

"교장 선생님, 저희 아이가 학교 폭력에 관련되어 학교폭력대책
위원회에 참석하게 되었는데 부끄러워 죽겠어요."
"그런 일이 있었군요. 아마 큰일은 아닐 겁니다."

이렇게 말을 하고 자초지종을 알아보니, 놀다가 친구들과 의견
충돌이 있었던 모양입니다. 이후 이 어머니는 많이 고민하는 것
같았습니다. 담임 선생님께 걱정을 끼친 것 같아 죄송하기도 하
고, 교장 선생님 보기도 민망하다는 말씀을 하셨습니다.

"아이들끼리 놀다 보면 의견 충돌이 있을 수도 있는 거지요. 그
러니까 아이들이지요."
"그럴까요?"

이 아이의 어머니는 매우 근심스러운 얼굴을 했습니다. 하지만
저는 말했습니다.

"그렇게 걱정할 일은 아닌 것 같습니다. 아이들이니까 그럴 수
있는 거죠."

아직 성숙되지 않은 아이들이니 얼마든지 그럴 수 있습니다.

그리고 큰 문제가 없다고 생각하는 중요한 이유 중 하나는 평범하고 편안한 가정 분위기 때문이었습니다. 이웃에 살고 계시는 할아버지와 할머니께서 관심을 가지고 자주 왕래하며 지내고, 부부간의 사이도 좋아 보이고 자녀들에게 따뜻한 관심을 보이는 가정이라고 느꼈기 때문이죠.

아이들에 대한 애정 어린 관심과 따뜻하고 밝은 가정 분위기, 부모의 긍정적 가치관은 아이들의 올바른 성장에 큰 영향을 미치는 요소입니다.

그런 관점에서 보면 이 아이는 올바르게 성장할 수 있는 좋은 조건을 갖춘 아이라 할 수 있지요. 간혹 친구들과의 다툼은 서로 주도권을 가지려는 상황에서 발생하는 것이 아닌가 여겨집니다. 단지, 이런 일로 다툼이 자주 있다면 문제가 있을 수 있겠지만 그렇지 않은 경우에는 큰 문제는 아닌 것으로 보입니다.

그래도 이러한 행동이 마음에 걸린다면 가벼운 마음으로 지도하고 지속적인 관심을 가진다면 쉽게 해결될 수 있을 것입니다.

무엇을 열심히 할 것인가에 대해 고민하라

여러분들은 '열심'라는 말을 들으면 어떤 생각이 드시나요?

대체로 왠지 정이 가고 애틋하며 도와주고 싶고 성공할 수 있는 사람이 떠오르거나 선한 느낌이 드는 단어일 것입니다.

우리가 지금처럼 많은 것을 누리고 사는 것도 이 '열심'이라는 단어와는 뗄 수 없는 얘기가 아닌가 합니다.

절대 빈곤의 시대를 경험한 세대들이 바로 우리 아이들의 할머니, 할아버지이기 때문입니다. 열심히 노력하고, 열심히 일하고, 열심히 공부해서 이만큼이라도 살게 된 것이지요.

그런데 이 '열심'을 가지고 왜 시비를 거느냐고요? 땅이 좁고 가진 자원도 부족한 우리가 이만큼 살게 된 것은 무슨 일이든 닥치는 대로 열심히 하며 살아왔기에 가능했다는 것을 부정하는 사람은 아마 없으리라 생각됩니다.

개미와 베짱이의 이야기에서 개미는 '따라 해야 할 착한 놈', 베짱이는 '절대 따라 하면 안 되는 나쁜 놈'으로 우리의 머릿속에

각인되어 있는 것 또한 사실입니다.

하지만 이제 시대가 바뀌었습니다. 현대에는 개미와 베짱이로 갈라놓을 만큼 사회가 한가하지 않다는 거죠. 프리드리히 니체는 "강한 신념이야말로 거짓보다 한층 위험한 진리의 적이다."라고 말했습니다.

이솝 우화 중에 사자와 소 이야기가 있습니다. 사자와 소가 서로 눈이 맞아 결혼했는데 사자는 좋은 살코기를 소 신부에게 갖다주었습니다. 소는 당황하였으나 내색하지 않고 사자 남편을 위하여 먼 초원까지 가서 신선한 풀을 뜯어다 식사 준비를 해 주었답니다. 서로가 이런 생활을 하면서 오래 가지 못하고 결국 이혼을 하게 되었는데, 그때 둘이서 똑같이 한 말이 "나는 최선을 다했는데."라는 것입니다.

이처럼 최선을 다하고 열심히 하는 것도 좋지만, 도대체 무엇을 열심히 하고 최선을 다할 것인가가 더욱 중요한 일이 아닌가 생각합니다.

보이지 않는 노력도 언젠가는 보상받는다는 말이 있지요. 여기서는 그에 반하는 주장을 하는 이도 있어 그 내용을 소개해 봅니다.

힘든 고난 속에서도 꾸준히 성실하게 노력하면 언젠가는 보상받을 거라고 생각하는 사람이 많다.

대개 세상은 공정해야 하며 실제로 그렇다고 믿는 사람들이다.

이러한 세계관을 사회 심리학에서는 '공정한 세상 가설(just-world hypothesis)'이라고 부른다.

(…)

주의해야 할 것은 공정한 세상 가설에 사로잡힌 사람이 무의식 중에 방출하는 '노력 원리주의'다.

(…)

노력은 보상받는다는 주장에는 일종의 세계관이 반영되어 있어 매우 아름답게 들린다. 하지만 그것은 바람일 뿐이고 현실 세계는 그렇지 않다는 것을 직시하지 않으면 의미 있고 풍요로운 인생을 살아가기 어려울지도 모른다.

(…)

세상은 결코 공정하지 않다. 그러한 세상에서 한층 더 공정한 세상을 목표로 싸워 나가는 일이 바로 우리의 책임이요, 의무다. 남모르는 노력이 언젠가는 보상받는다는 사고가 인생을 망칠 수도 있다는 것을 반드시 명심하자.[27]

일면 공감이 가는 이야기입니다. 그렇습니다. 이젠 열심히만 하는 시대는 지났습니다.

개미처럼 열심히 하는 것 못지않게 무엇을 열심히 할 것인가를

---

27) 야마구치 슈, 『철학은 어떻게 삶의 무기가 되는가』, 김윤경 옮김, 다산북스, 2019, 258~263쪽.

생각해야 합니다. 베짱이와 같이 여유를 즐기면서 살고 그러한 여유로움 속에서 창의적인 생각을 자연스럽게 이끌어 내어야만 합니다. 이를 제품의 품질을 높이고, 각종 서비스의 질을 향상시켜서 높은 부가 가치를 창출해 내는 원동력으로 삼아야 하는 시대인 것입니다.

따라서 우리 부모님들의 생각이나 시야의 폭이 더욱 넓어져야 우리 아이들이 '무작정 열심히'라는 고통에서 벗어날 수 있을 것입니다. 그래야만 우리 사회가 한 단계 더 성숙한 모습으로 발전해 나갈 것입니다.

완벽을 요구하는 부모의 실패

지금은 고인이 되신 지인의 이야기입니다.

이 집의 부모는 그 시절 '엘리트'이자 '인텔리'라고 할 수 있는 분들입니다. 아버지는 서울의 유명 대학을 졸업하신 분이고, 어머니는 지역의 대소사를 주도적으로 처리하며 매사 지혜롭게 처신하셔서 지역 사람들이 좋아하고 존경하는 분이었습니다. 한마디로 주변 분들께 좋은 느낌의 카리스마를 보이는 대단한 분들이셨지요.

이 댁의 아들은 오래전에 의과 대학을 졸업한 의사입니다. 그런데 이 의사 아들이 의사의 역할을 제대로 하지 못하는 것입니다. 소문에 의하면 이 의사 아들은 대문 밖으로 잘 나가지를 못한다고 합니다. 즉, 다른 사람을 만나는 것을 두려워하고 자존감이 부족해 보이는 사람이라는 것입니다.

병원 개업을 하라고 말해도, 공중 보건의라도 하라고 말해도 그건 이러이러해서 못 하고, 저건 저러저러해서 못 한다며 핑계를 댄다고 합니다. 본인은 얼마나 속이 탈 것이며, 부모님의 속은 얼마나 쓰리고 아팠을까요?

무슨 속사정이 있을까요? 남의 집 일이라 세세하게는 알지 못하나 아마 완벽을 추구했던 부모 때문이 아닌가 하는 생각을 하게 됩니다.

다시 말씀드리자면, 이 댁의 부모님이 너무 아는 것이 많고 똑똑한 것이 문제가 아니었나 싶습니다. 공부도 잘하고 특별히 야단칠 일이 없었을 아이에게 너무 많은 간섭을 했다는 것이지요. 그리고 기대치가 너무 높은 나머지 아이에게 거의 완벽 수준의 것을 요구한 게 아니었나 생각합니다.

그러니까 웬만해서는 칭찬을 하지 않았던 거죠. "좀 더 잘할 수 있을 텐데, 왜 더 잘하지 못하는 거니?"라고 매번 질책했을지도 모릅니다.

아이로서는 항상 잔소리를 듣고 질책을 받으니, 지나치게 부모 눈치를 보게 된 거죠. 그리고 부모의 존재가 너무 높아 도저히 넘을 수 없는 벽으로 보이지 않았나 하는 생각도 합니다. 그러니 아이는 본인이 잘할 수 있는 공부만 열심히 해서 의대를 간 겁니다. 그 대신 심리적인 충격은 고스란히 가슴에 쌓여 갔던 거죠.

이분들의 평소 성향으로 봐서 질책의 주제는 아마 주로 집안 대소사에서의 처신, 어른들에 대한 예의, 정리 정돈 문제, 식사 예절 등 집에서 벌어지는 아주 사소한 일들이 아니었나 생각합니다. 이런 사소한 부분에 대한 지적이나 질책도 잦아지거나 그때의 표정이나 말투 등에서 어떤 좋지 않은 감정이 느껴졌다면 사람에 따라서는 매우 예민하게 반응할 수도 있는 거죠.

그런데 부모님이 제기하고 지적하는 문제가 특별히 틀린다거나 이치에 맞지 않은 것은 없다고 생각한 겁니다. 그러다 보니 어느 것이든 부모님이 시키는 대로 하게 되고 혹시나 부모님 말씀을 거스른 것은 아닌지 노심초사하면서 눈치를 보는 거죠.

그리고 항상 맞는 말씀만 하시는 부모님을 대하다 보니 본인은 너무 초라하고 보잘것없어 보이는 겁니다. 그래서 사람을 만나는 것이 두려워지고 자신감이 없어짐으로써 집 밖으로 나갈 용기마저 없어진 것이 아닌가 하는 생각이 듭니다.

참으로 안타까운 일이지요. 부모님으로서는 아들이 이것저것 모든 것을 더 잘하라고 간섭하고 지도했을 텐데….

이런 사례를 볼라치면, 부모가 여러 각도에서 참으로 많이 생각하면서 말하고 행동해야 한다는 생각을 하게 됩니다.

자식을 그물질하는 부모가 되지 마라

『맹자』에는 "백성들이 죄에 빠지는데 이른 후에 그것을 좇아서 형벌에 처한다면, 그것은 백성들을 그물질해 잡는 것입니다. 어떻게 어진 사람이 임금의 지위에 있으면서 백성들을 그물질해 잡는 짓을 할 수 있겠습니까? 그러므로 밝은 왕은 백성들의 생업을 제정해 주되 반드시 위로는 부모를 모시기에 충분하게 하고 아래로는 처자를 먹여 살릴 만하게 하여, 풍년에는 언제나 배부르고 흉년에도 죽음을 면하게 합니다. 그렇게 한 후에 백성들을 몰아서 선한 데로 가게 하므로 백성들이 따르기가 쉽게 됩니다."라는 구절이 있습니다.[28]

우리 부모님들은 혹 아이를 그물질하는 일은 없었는지 뒤돌아보아야 할 것입니다.

아이가 거짓말을 하거나 몰래 나쁜 짓을 하다 발각되는 경우

---

28) 맹자, 앞의 책.

가 있습니다. 이럴 경우, 매우 호되게 꾸지람을 하게 되지요. 나타난 결과만 보고 모든 것은 아이가 잘못했다고 보기 때문일 것입니다.

자, 과연 아이만의 잘못일까요?

"무슨 말씀을 하시는 거죠? 당연히 아이의 잘못을 꾸짖어야 하는 것 아닌가요?"

그렇기는 합니다. 하지만 과연 부모로서 나의 잘못(본의는 아니지만)은 없었는지, 아이가 나쁜 짓을 할 수밖에 없는 조건을 만들지는 않았는지 생각해 볼 필요가 있다는 말이지요.

가령 아이가 거짓말을 했을 경우, 다짜고짜 과하게 꾸지람을 한다든지 과할 정도로 체벌을 하면 대부분의 아이는 거짓말을 할 수밖에 없을 것입니다.

아이가 거짓말을 할 수밖에 없도록 부모가 그물질을 한 것은 아닐까요?

앞에서 언급한 것처럼 장 폴 사르트르의 "나는 태어나면서부터 거짓말을 상속받았다."라는 말을 되새겨 볼 필요가 있습니다. 극단적 위기를 모면하는 방법 또는 방어 기제로서 아이가 거짓말을 할 수도 있지요. 왜 거짓말을 할 수밖에 없었는지 생각해 봐야 한다는 말이죠.

또 다른 예를 들어 볼까요? 만약 아이가 부모 몰래 집안의 돈을 훔쳤다면 어떻게 하시겠습니까?

"아이가 잘못했으니 절대 그냥 넘어갈 수 없는 일입니다."
"버릇을 고쳐 놓아야죠."

백번 옳은 말씀입니다. 당연한 일이지요. 부모의 돈을 훔쳤는데, 혼을 내는 것이 당연합니다. 하지만 부모로서 생각할 점도 있습니다.

'나 때문은 아니었을까?'
'훔치지 않아도 될 일을 나 때문에 그렇게 해야만 하지는 않았을까?'

아이가 그런 행동을 하지 않으면 안 될 상황을 부모가 만들지는 않았는지 생각을 해 봐야 한다는 말입니다. 돈을 훔쳤다는 사실이 나쁘지 않다는 말이 아닙니다.

아이에게 용돈을 적정하게 주고 있었는지, 용돈이 턱없이 부족한 건 아니었는지 아이에게 물어보았어야 했다는 말입니다. 평소용돈과 관련하여 가족 간의 대화가 자연스럽게 이루어진 적은 있는지, 아이의 용돈 지출 내역 등에 대하여 서로 의견을 나누어본 적은 있는지 생각해 보아야 할 것입니다. 그리고 돈의 보관 장소가 적절했는지도 생각해 봐야 하겠지요.

그런데 많은 경우, 부모님들은 거짓말을 한 것이나 돈을 훔쳤다는 결과만으로 불같이 화를 내고 아이를 꾸짖습니다. 꾸지람을 들은 아이는 즉시 반성했을까요?

아이로서는 편안한 상태에서 자기변명도 한번 해 보지 못하고 일방적으로 당한 거죠. 이런 상황에서 아이는 크게 반성을 하기보다는 반항심만 더 키웁니다. 그리고 부모와 자식 간에 서로 원망하는 마음만 더 커질 것입니다.

거짓말을 하거나 돈을 훔친 행동이 잘했다는 것이 아니라, 그 죄가 모두 아이에게 있는 것처럼 몰아가는 것이 과연 적절한지를 곰곰 생각해 보자는 거죠. 혹시 부모가 그물을 미리 쳐 두고 아이를 그쪽으로 몰아가서 그물질을 한 건 아닌지 찬찬히 생각해 볼 일입니다.

그렇습니다. 부모는 아이를 바르게 가르치기 위해 꾸짖기도 합니다만, 그 방법이 적절치 못하여 오히려 아이가 상처를 받거나 반항심만 더 키우게 되는 경우가 적지 않은 거죠.

4부

달라지는 우리 아이

즉시 칭찬이 보약이다

칭찬은 대단한 힘을 가집니다. 힘을 잃어 다 쓰러져 가는 사람에게도 "넌 잘할 수 있어!"라고 말하고 박수를 보내면 벌떡 일어나 달릴 수 있는 힘이 생깁니다.

그러면 칭찬은 언제 하는 것이 좋을까요? 이에 대해 많은 학자가 연구를 해 왔습니다. 그에 대한 답은 '즉시 칭찬'입니다. 기대하는 행동이 일어났을 때, 즉시 칭찬하는 것이 가장 효과적이라는 거죠.

저는 담임 교사 시절, 학생들과 수업을 할 때면 늘 '어떻게 하면 더 많은 수의 학생이 손을 들고 발표를 하게 할까?' 고민했습니다.

그렇게 찾은 해법은 세 가지였습니다. 첫째는 발문을 쉽고 단순하게 하는 것이었고, 둘째는 담임 교사의 발문에 답하는 학생을 그 자리에서 즉시 크게 칭찬하는 것, 셋째는 발표를 위해 손을 든 모든 학생에게 기회를 공평하게 주고 될 수 있는 한 많은 학생이 발표하게 하는 것이었지요. 이런 원칙을 정하고 수업에 임하면 마치 소설처럼 수업에 활기가 넘쳤고, 담임이나 학생 모두가 보람되고 즐거운 시간이 되었습니다.

정해진 수업 시간 동안 수업 목표를 달성하기 위해서는 시간계획을 잘 세워야 하는데, 손을 든 모든 학생에게 발표 기회를 주는 것은 말처럼 쉬운 일이 아니었습니다. 그래서 틈만 나면 이 문제를 해결하기 위해서 많은 생각을 하게 되었고, 여러 가지 방안을 고안하여 실행했습니다.

그중 한 가지를 소개해 보겠습니다. 가령 하나의 발문(질문)에 20명이 손을 들었다고 합시다. 저는 먼저 손든 아이들에게 빠른 속도로 1~15의 번호를 부여합니다. 그러고 나서 1번부터 본인의 번호를 말하면서 차례로 일어서서 발표하게 했지요. 하나의 질문에 15명 정도가 답을 하려면 같은 내용이 있을 수도 있습니다. 그럴 때는 "예, 8번 발표하겠습니다. 저는 6번의 영수가 발표한 내용과 같습니다."라고 발표하게 했습니다. 그 다음번 질문에는 좀 전에 발표를 위해 손을 들었다 지명받지 못한 학생부터 다시 번호를 부여하였지요. 이렇게 운영하니 발표를 위해 손을 들었던 학생들은 거의 다 발표를 할 수 있게 됐습니다.

이렇게 시스템을 운영하다 보니 반 아이들 대부분이 하루 동안 학교에서 수업 중 자신의 의견을 발표하는 게 10여 회는 되었던 것 같았습니다. 학교에서 이렇게 수업에 활발히 참여했던 학생들, 과연 집으로 돌아갈 때의 기분은 어땠을까요? 아마 난리가 나지 않았을까요? 흥분한 아이들이 집으로 돌아가 엄마에게 자랑했겠죠.

"엄마, 나 오늘 학교에서 열 번은 발표한 것 같아요!"
"그래? 이야, 우리 철수 대단한데?"

반 아이들의 집안 분위기가 머릿속에 대충 그려지지 않나요? 반 아이들이 학교생활을 정말 활기차게 했던 것 같습니다. 이 문제가 이처럼 자연스럽게 해결되지 않았다면 "엄마, 우리 선생님은 손을 들어도 잘 안 시켜 줘요."라고 말하며 불평하고 여러 가지로 담임 선생님에 대해 오해했겠죠.

쉽지 않은 일입니다. 또한, 손을 들어 열심히 수업에 참여하며 발표한 학생에 대한 보상은 어떻게 할 것인지 많이 고민했습니다. 수업에 열심히 참여하고 발표를 한 학생에게는 충분한 칭찬이나 보상이 따라야 하겠지요. 칭찬이나 보상을 충분히 해 준다면 발표자 본인의 기분도 좋고, 용기를 내어 다음번에도 거리낌 없이 발표할 수 있지 않을까 생각하면서 발표를 끝낸 학생에게는 즉시, 그리고 구체적으로 칭찬했습니다.

"대단해! 분명한 목소리로 친구들이 잘 알아들을 수 있도록 발표를 잘했네."
"좋아요. 철수는 바른 자세로 발표하는 모습이 정말 멋졌어요.

아마 전국의 6학년 학생 중에서는 최고일 거야.”

"정말 잘했어요. 발표 내용이 정말 좋았어요. 세계에서도 제일
인 것 같아요!"

이처럼 발표한 학생을 즉시, 그리고 구체적으로 칭찬하여 어깨
가 으쓱해지도록 했지요. 이렇게 수업을 마무리하고 나면 담임
교사인 저도 기분이 좋고, 학생들도 흡족해하니 수업 시간마다
즐겁고 보람찼습니다. 그리고 학생들에게 칭찬의 말을 할 때 '전
국에서' 또는 '세계에서'라는 단어를 썼는데, 이것은 의도적이었습
니다. 왜냐하면 학생들에게 좁은 교실에서뿐만 아니라 전국에서
또는 세계적으로도 참 잘했다는 말을 함으로써 더 큰 자긍심을
심어 주고 본인의 위상이 그 정도로 높고 넓다는 의식을 심어 주
기 위함이었지요.

여러분은 혹 일상의 다양한 장면에서 칭찬에 인색한 경우는 없
으셨나요? 부부간이나 부모와 자녀 간, 이웃 간, 친구 간에 순간
순간 칭찬의 기회를 놓치고는 돌아서서 후회하는 경우가 적지 않
습니다. 때를 놓치지 않고 하는 칭찬 한마디가 최고의 보약인데
말이죠.

"와, 정말 맛있네! 당신 음식 솜씨는 최고야!"

한마디 더 붙인다면 금상첨화겠죠.

"와우, 세계적이야!"

이 한마디의 힘이 얼마나 대단한지는 다들 아시죠?

"오늘 집안이 번쩍번쩍 빛이 나네! 네가 청소했구나. 최고야."
"여보, 당신 오늘 정말 멋있어요!"
"친구야, 오늘 너 정말 멋졌어!"

적시에 하는 칭찬 한마디가 상대방에게 정말 좋은 보약이 되겠지요. 적시에 하는 칭찬 한마디가 용기를 갖게 하고, 힘을 내게 하는 보약입니다.

"칭찬할 게 있어야 칭찬하지."라고 말하는 분들도 간혹 있습니다. 정말 그럴까요? 칭찬할 일은 수도 없이 많습니다. 다만, 발견하지 못할 뿐이지요. 바르게 서 있는 모습, 밥 잘 먹는 모습, 열심히 뛰노는 모습, 편히 자는 모습, 건강한 모습 등 셀 수도 없이 많이 있지요. 칭찬하는 것도 습관입니다. 아이들을 멋진 사람으로 키우는 데는 칭찬만 한 보약이 없습니다.

아이들이 모두를 잘할 수는 없는 거지요. 우리 어른들은 아이들의 조금 부족한 부분은 눈을 작게 뜨고 보고, 잘하는 부분은 눈을 크게 뜨고 바라보는 습관을 익혀야 할 것입니다.

습관처럼 칭찬하라

　남 앞에서 자기 아이의 흉을 보는 경우는 거의 없지만, 남이 없을 때는 자식의 잘못을 찾아 지적하고 쉴 틈 없이 꾸지람하는 부모가 적지 않습니다. 왜들 이렇게 틈만 나면 아이의 부족한 부분을 찾아 지적하고 꾸지람을 할까요?

　그것은 부모의 욕심 때문이 아닌가 생각합니다. 내 아이가 더욱 잘해야 한다는 욕심이 앞서다 보니 그냥 화가 치밀어 오르는 겁니다. 아이가 부모의 눈높이를 맞추어 주지 못하기 때문이죠. 그래서 자식에 대해 화가 나는 겁니다. 이건 누구의 문제로 보아야 할까요? 아이? 부모? 쉽지 않은 문제이지요.

　저는 부모의 문제가 아닌가 합니다. 아이를 아이로 보지 않는 부모가 문제라는 거죠. 아이니까 부족하고 모자라는 거 아닌가요?

　그리고 사람에 따라 각각의 개인차가 있음을 인정하지 못함으로써 화가 나는 겁니다. 내 아이는 다른 아이와 여러 측면에서 다를 수 있습니다. 다시 말하면, 사람마다 개인차가 있음을 인정해야만 한다는 겁니다. 내 아이와 다른 아이는 이 사람과 저 사람이 다른 것처럼 여러 가지 면에서 다르고 개인차가 있습니다. 이 사실을 인정해야 한다는 거죠.

여태껏 아이가 부모의 욕심을 제대로 채워 주지 못하니 안타까운 마음에서 그렇게도 지적하고 꾸짖었던 거죠. 이게 어디 욕심만으로 해결될까요? 절대 아닙니다. 욕심이란 게 뭔가요? 가능하지 않은 일에 기대와 희망을 가지는 일이지요. 아이의 능력과 노력으로 이만큼 해내는 것이 대견하고 자랑스럽다는 생각이 들어야 하는 것입니다.

그리고는 더 자라고 성장할 때까지 지켜보면서 기다려 주는 여유를 가져야 합니다. 욕심에 차지 않는다고 매번 아이를 다그치고 나무라는 부모 때문에 아이는 반항심만 가득 안고 기죽어 있습니다. 이런 아이를 원하시나요? 물론 그렇지는 않겠죠.

답답한 마음에 그렇게 꾸짖고 숨 쉴 틈도 없이 몰아세웠겠지요. 이런 모습은 누구에게도 도움이 되지 않습니다. 어쩌면 좋을까요?

정말 어리석은 일이지요. 이렇게 매번 부모로부터 꾸중 듣고 칭찬받지 못한 아이가 정상적인 성인으로 자랄 수는 없을 것입니다. 이런 환경에서 자란 아이가 성인이 되어서 과연 멋진 부모는 될 수 있을까요?

문제는 부모들의 생각입니다. 아이를 어른의 눈으로 보는 부모가 문제라는 말이죠. 아이는 미성숙한 상태이고 개인차가 있다는 사실을 생각한다면, 숟가락으로 밥을 떠서 흘리지 않고 먹는 모습도 칭찬할 일이고 아침에 일어나서 깨끗이 세수하는 것도 칭찬할 일인 것입니다. 거실에서 밝은 모습으로 웃는 것도 입에 침이 마르도록 칭찬해야 하는 일인 거죠. 시험 성적이 100점이 아니면 어떤가요? 100점이면 더할 나위 없이 좋겠지만, 아니면 어떤가요? 아이가 최선을 다해 받은 점수라면 어떤 점수든 언제나 인정하고 칭찬할 준비가 되어 있어야 하는 겁니다.

"없는 돈을 쪼개 학원에도 보내 주었는데, 성적이 이 모양이라니!"

혹시 이렇게 생각하시나요? 학원에 다닌다고 다들 성적이 좋아질까요? 학원이 만병통치약은 아닙니다. 학원 수강으로 전혀 변화가 없는 아이도 있을 것이고, 조금 나아진 아이도 있을 것이며, 엄청나게 발전하는 아이도 있을 것입니다. 이처럼 같은 일을 똑같은 기간 동안 하더라도 그 결과는 각 개인에 따라 차이가 있는 겁니다.

학과 성적이 좋지 않은 아이는 쓸모없는 사람일까요? 그렇지는 않지요. 앞으로의 성장 가능성도 있을 것이고, 학습 능력은 조금 뒤진다 해도 또 다른 잘하는 영역이나 분야가 분명 있을 것입니다. 학과 성적이 좋지 않다고 하여 마치 절벽을 만난 듯 절망하며 아이를 다그치는 것은 정말 부모로서 해서는 안 될 일입니다.

아이는 사랑스러운 눈으로 지켜봐 주는 것만으로도 용기를 얻을 것입니다. 부모는 아이를 닦달하고 꾸짖기만 할 것이 아니라 기다려 주고 칭찬하며 격려해 주는 데 더 많은 시간과 노력을 투자해야 할 것입니다.

항상 여유를 가지고 아이를 심리적으로 안정시켜 주고 칭찬해 주는 부모가 최고의 부모라고 할 수 있겠지요. 본인을 믿고 기다려 주며 칭찬해 주는 부모가 있다는 것만으로도 아이는 힘을 얻게 될 것입니다. 그래야만 자신이 하는 일에 자신감을 가지고 더욱 매진하는 마법 같은 일이 일어날 것입니다.

칭찬은 고래도 춤추게 한다는 말이 있지요. 칭찬 속에 자라는 아이는 매사에 자신감을 가집니다. 칭찬 속에 자라는 아이는 주변 사람들을 기분 좋게 하는 '긍정 바이러스'를 퍼뜨릴 것입니다.

칭찬하는 습관을 가진 부모는 칭찬을 듣는 아이보다 더 많은 긍정 에너지를 가질 수 있을 것입니다. 식구들끼리 칭찬하는 습관을 가진 가정은 화목한 가정, 행복이 가득한 가정, 긍정의 기운이 넘치는 가정으로 변하겠지요.

아이들의 부족한 부분을 볼 때는 눈을 가늘게 뜨고, 잘하는 부분을 볼 때는 눈을 크게 뜨는 것이 긍정적이고 큰 그릇을 가진 부모라 할 것입니다. 항상 아이의 장점을 찾아 칭찬하는 부모 밑에서 자란 아이는 장성하여 큰 나무가 되고 멋진 어른이 될 것입니다.

"좋은 약은 입에 쓰고, 충고하는 말은 귀에 거슬려도 행함에 이

롭다." 중국 역사가 사마천은 이렇게 썼다. 이외에도 쓴소리의 중요성에 대한 말은 많다. 조사·분석 기관 〈갤럽〉의 연구원이었던 마커스 버킹엄은 여기에 덧붙인다. "쓴소리보다 이로운 건 장점을 인정해 주는 것이다."

갤럽 연구진은 미국 노동자 중 일부를 대상으로 피드백과 업무 몰입도의 상관관계를 연구했다.

첫 번째는 상사가 직원들에게 관심을 갖지 않았다. 전 직원 중 열의를 가진 직원(가군)과 그렇지 않은 직원(나군)의 비율이 1:20으로 나타났다.

두 번째는 부정적인 피드백을 주었다. 이때 가군과 나군의 비율은 2:1이었다. 무관심보다 약 40배 효과적이었던 것이다. 마지막으로 상사들은 직원들에게 잘한 점을 이야기했다. 이때 가군과 나군은 60:1, 부정적인 피드백을 받았을 때보다 30배, 무관심보다는 1,200배 강력했다.[29]

많은 생각을 하게 하는 연구 결과이지요.

질책과 꾸지람만을 듣고 자란 아이는 작고 볼품없는 나무가 될 뿐 아니라 어른이 되어서도 매번 자식을 질책하고 꾸지람이나 하는 쪼잔한 부모가 될 수밖에 없을 겁니다.

예를 들어 아이가 설거지를 했다고 하면, "어이구, 착해라! 우리

---

29) 좋은생각 편집부, 앞의 책, 86쪽.

순희가 엄마(아빠)를 돕겠다고 설거지를 했구나. 정말 고마워."라고 감사하며 칭찬해야 할 것입니다. 그럼에도 "설거지를 한다는 게 오히려 일거리를 더 만들어 놨네. 좀 깨끗이 하지 않고 이게 뭐니?"라고 한다든지 "순희 너는 설거지는 안 하는 게 낫겠다. 부엌에다 물을 이렇게나 흘리고 이게 뭐니?"라고 한다면 아이의 마음은 어떨까요? 부모를 돕겠다고 한 일에 대한 칭찬은 고사하고 꾸지람만 들었으니 아이로서는 정말 힘 빠지는 일이겠지요. 부모를 도와주겠다는 마음을 가진 것만으로도 이 얼마나 대견하고 칭찬할 일인가요?

칭찬을 하면 칭찬을 듣는 사람보다 오히려 하는 사람이 먼저 변화한다고 합니다. 사람은 자신의 생각과 말에 영향을 받기 때문이지요.

> 셀리그먼 교수는 약점을 보완하는 것으로는 잘해 봤자 평균적인 사람밖에 되지 못한다고 하면서 강점 살리기만을 강조한다. (…) 인생에서 자신의 약점을 모두 보완하려 들면 좋은 점수를 받기는커녕 고달프기만 하다. 마틴 셀리그먼 교수는 〈긍정심리학〉에서 '의미 있는 삶은 행복한 삶에 한 가지가 더해진다. 대표 강점을 발휘하되, 그것을 능력과 선을 촉진시키는 데 활용하는 것이다. 그렇게 한다면 참으로 의미 있는 삶이 될 것이다.'라고 말한다.[30]

---

30) 이종선, 앞의 책.

관점을 바꾸어라

칭찬하는 습관을 가진 부모들을 보면 참으로 특별하다는 생각이 듭니다.

아이들을 귀한 물건 다루듯 조심스럽게 작은 소리로 언제나 사랑스러운 표정으로 친근하고 다정하게 대하는 엄마들을 종종 보게 됩니다. 결론부터 말하면 이런 엄마가 최고의 엄마가 아닌가 생각됩니다.

아빠들의 경우는 대체로 아이의 행동이 대견스럽거나 마음에 들 때는 멀리서 지켜보면서 빙긋이 미소를 머금는 정도의 표현을 하곤 하지요.

많은 경우, 부모는 아이가 못마땅한 행동을 보이면 그때부터 아이를 꾸짖고 나무랍니다. 그리고 아이가 조그만 잘못이라도 저지를라치면 부모의 매서운 눈은 그 순간을 놓치지 않고 잘못에 대해 지적하고 또다시 꾸짖습니다. 종일 나무라고 꾸짖는 일의 반복이죠.

"지저분하게 어지르지 마라."

"왜 동생과 싸우니?"

"손은 왜 안 씻니?"

"세수는 했니?"

"왜 김치는 안 먹느냐?"

"옷을 옷걸이에 걸지 않고 바닥에 늘어놓고 이게 뭐니?"

그러다 심한 경우 두 분이 합세하여 야단을 치며 꾸짖을 때도 있습니다. 이럴 때 아이는 퇴로가 없는 거죠. 정말 아무런 대꾸도 못 하고 구석에 몰려서 그냥 야단만 듣고 있습니다. 그리고는 머릿속이 하얘져서 어쩔 줄 몰라 합니다. 이런 일상은 아이가 성장하여 결혼해서 분가할 때까지 계속된다고 봐야죠. 이런 그림을 계속 그리면서 살아야 할까요?

이와 관련해 레밍의 일생에 관한 연구 결과가 있어 흥미롭습니다.

레밍은 대략 4년 주기로 급증했다가 대량 사망하고, 개체 수가 줄면 빈 공간을 이용해서 다시 폭발적으로 증가하는 주기적인 사이클을 보인다. 레밍이 한꺼번에 죽었을 때 그 원인을 조사한 결과, 먹이가 모자라 굶어 죽은 게 아니었다. 과밀화 상태에서 스트레스 호르몬이 급증하면서 지레 흥분하고 공격적인 성향으로 돌변해 정상적인 대사 리듬이 깨어진 상태였다. 남을 공격했는데 내가 망

가지는 '부정적 그물'에 덜컥 걸려들고 만 것이다

　검은 기운이 덮친 레밍을 포식자가 잡아먹는 건 식은 죽 먹기다. 레밍은 별 수 없이 스트레스에 번번이 패한다.[31]

이 사례에서 보듯이 끊임없이 아이를 꾸짖는 삶은 부모에게도 아이에게도 격한 스트레스로 견딜 수 없는 시간이 아닐까요?

아이에게 칭찬을 하면 내가 바라는 행동을 얻을 수 있지만, 아이를 비난하고 벌을 주면 내가 바라는 행동과는 전혀 다른 행동이 나타날 수 있다는 사실은 많은 학자가 연구한 결과입니다.

아이는 아이일 뿐, 실수가 잦고 하는 일이 어설플 수밖에 없습니다. 그런데 어른의 기준으로 잘하기를 원하다 보면, 아이가 하는 모든 일이 마음에 들지 않고 그때마다 잘못을 지적하게 되고 꾸지람을 하는 악순환이 계속될 수밖에 없는 거죠.

아이들이 잘못하거나 마음에 흡족하지 않을 때는 못 본 척 눈을 감고, 대신에 아이들이 잘하는 순간을 포착하여 칭찬해 주는 것이 좋은 방법입니다. 예를 들어 현관에 신발을 아무렇게 벗어 놓고 거실로 들어오는 습관을 가진 아이가 있다고 합시다. 어느 날 아이가 비교적 신발을 가지런히 놓고 거실로 들어오면 "이야, 오늘은 신발을 참 바르게 벗어 놓았네! 잘했어."라고 말하는 겁니다. 이런 식으로 하면 얼마 지나지 않아 아이는 현관에 신발을

---

31)　백상경제연구원, 『퇴근길 인문학 수업: 멈춤』, 한빛비즈, 2018, 26~27쪽.

가지런히 벗어 놓고 들어오는 아이로 변할 것입니다. 이와 반대로 현관에 신발을 어지러이 벗어 놓고 들어온 아이에게 매번 "신발 벗어 놓은 꼴이 이게 뭐니?", "너는 맨날 왜 이 모양이야! 빨리 신발 정리하지 못해?"라고 반응하면 아이의 마음도 상하게 되고, 꾸짖는 부모도 결코 마음이 편하지는 않을 것입니다. 그렇다고 금방 행동이 고쳐질까요? 단지, 부모 본인의 화를 배설한 것은 아니었는지 깊이 생각해 볼 일입니다.

작은 실패는 성공의 밑거름

주변에는 여러 유형의 부모가 있습니다.

아이들 일에 하나부터 열까지 모두 관여하는 부모, 뭘 하든 관심이 없는 부모, 큰 틀에서 방향을 제시하고는 자율적으로 생활하게 두는 부모, 자율적으로 생활하게 하되 도움을 요청하는 경우에만 아이와 대화하며 도움을 주는 부모….

어떤 유형의 부모가 좋은 부모일까요? 물론 어떤 유형의 부모가 좋다고 꼭 집어 말하기는 쉽지 않을 것입니다. 하지만 아이의 자율성을 최대한 존중하면서 긴장되지 않는 편안한 집안 분위기를 만들어 주고, 아이가 도움을 요청해 오면 최소한의 도움이라도 주는 유형의 부모가 좋은 부모가 아닐까 생각합니다.

긴장되지 않는 편안한 집안 분위기 조성과 관련하여 생각해 본다면, 부부가 좋은 관계를 유지하며 살아가는 모습을 아이들이 보면서 자라는 것은 교육적으로 더할 나위 없이 좋을 것입니다. 부부가 서로 화합하여 가정을 이끌어 나가는 모습은 집안 분위기를 편안하게 하는 중요한 요소인 거죠. 또한, 식구들이 부드럽고 고운 말을 가려서 쓰는 가정의 분위기는 평화롭고 따뜻합니다. 아이들이 보는 데서 잦은 말다툼을 하는 부부는 아이를 불안하게 합니다.

아이에게 지시하거나 강요하는 말투를 사용하는 것보다는 아이의 생각을 물어보고 같이 의논하거나 스스로 할 수 있도록 도와주는 부모가 좋은 부모 아닐까요? 기본적으로 아이의 자율적 판단을 존중해 주는 부모의 태도가 중요합니다. 아이가 어떤 의견을 제시했을 때, 그것을 무시하는 듯한 부모의 태도는 지극히 위험하다고 할 수 있죠. 이를테면 이렇게 말입니다.

"이 바보야, 그걸 말이라고 하고 있니?"
"그런 말 같지도 않은 짓을 한다고?"
"안 돼. 그게 말이나 되는 소리니?"

아이의 의견을 가차 없이 뭉개 버리는 부모의 말투, 어떻게 들리시나요? 이럴 경우, 대화가 단절될 뿐 아니라 부모에 대한 불신과 반항심만 키우는 결과를 가져오지는 않을지 자못 염려됩니다.

"너는 그렇게 생각하는구나."
"그렇구나. 아빠(엄마)도 한번 생각해 볼게."
"그래, 한번 생각해 보자."

"참 좋은 생각이구나! 하지만 한 번 더 생각해 보자."

이렇게 말하면서 아이의 의견을 일단 수용한 후 다음 날이나 며칠이 지나고 난 뒤, 예상되는 문제점이나 수용하기에 불가한 면 등을 말하면서 서로 의견을 교환하는 것이 좋지 않을까 생각합니다.

우리 집 둘째 아이의 경우를 말해 보면, 대학에 다닐 때는 전공 과정과 함께 복수 전공을 같이 공부했는데 이수해야 할 학점이 힘에 부칠 정도였지요. 거기에 더해 야간에는 여러 가지 아르바이트를 했습니다. 영화관이나 패스트푸드점은 물론이고 뷔페, 고깃집, 호텔 주차 관리, 일식집, 대형 마트 생선 판매대 등에서 닥치는 대로 일하다 보니 자정을 넘겨서 귀가하는 날도 많았지요. 그런 것을 보면서 제가 한 가지 제안을 했습니다.

"아들아, 어차피 아르바이트를 하려면 그런 곳도 좋겠지만 농수 산물 시장 같은 곳에서 일해 보면 농수산물의 유통 구조를 알게 될 거란다. 이다음에 그쪽 방면에 일자리를 찾아보는 것도 괜찮 지 않겠니?"

"아빠, 농수산물 시장에서 아르바이트를 하려면 새벽에 나가야 하는데 그게 가능하지 않을 뿐 아니라 그렇게 움직이려면 출퇴근 용 차를 사야 해요."

"음, 그렇구나!"

그러던 어느 날 아들에게 물었습니다.

"아들아, 너는 아르바이트를 그렇게 열심히 몇 년을 했으니 모은 돈도 제법 되겠구나."

그런데 아들은 나의 상식으로는 도저히 이해되지 않는 답을 했습니다.

"아빠, 제가 아르바이트를 하는 것은 돈을 모으기 위해서가 아니고 그 돈으로 친구들과 여행도 다니고 마음에 드는 신발이랑 셔츠 같은 것을 사 입기 위해서였어요."

사실 '용돈을 넉넉히 줄 형편은 아니어서 용돈이 많이 부족했구나.'라는 생각을 하니 마음 한구석에 미안한 마음도 들었습니다.
하지만 그 말을 들은 나는 기가 찼지요. 어렵게 모은 돈을 그렇게 함부로 써 버리다니…

"그래? 아빠의 상식으로는 그게 잘 이해가 되지 않는구나. 그렇게 힘들게 번 돈을 조금도 저축하지 않고…"

물론 더는 말하지 않았습니다. 더 말을 하다가는 서로의 견해 차만 확인할 뿐 아니라 부자 사이만 멀어질 것 같아 그 정도에서 수습한 거죠.

한번은 아들이 대학 다닐 때인데, 아르바이트를 하고 번 돈 중 일부를 주식에 투자하고 있는 것 같았습니다. "오늘은 주식으로 얼마를 벌었어요."라고 하길래 "주식을 해 보니 재미가 있는 모양이구나. 그러면 아빠가 조금 보태 줄 테니 같이 해 봐."라며 얼마간 돈을 보태 주었습니다. 재미를 붙이는 것 같아서 또다시 얼마를 더 보태 주었지요. 이후 얼마 안 가서 '깡통 계좌'가 되어 원금까지 모두 잃고 말았습니다.

그 말을 듣고 저는 "큰 공부를 했구나. 너는 상당 금액을 잃었지만, 아빠가 생각할 때는 몇억, 아니 몇십억 원을 번 것이나 마찬가지란다. 주식이 이렇게 위험할 수도 있다는 사실을 일찍 배웠으니 너는 얼마나 좋은 경험을 한 거니?"라고 위로하고는 일체 다른 말은 하지 않았지요. 본인은 얼마나 마음이 상했을까요? 충분히 후회하고 있을 거라 생각했습니다.

또 한번은 대학을 졸업하고 지인이 하는 모 대학의 부속 병원 내 카페에서 아르바이트를 1년 가까이 할 때였습니다. 어떤 연유로 카페 운영을 계속할 수 없게 된 사장님이 인수자를 찾았는데, 자신이 인수해서 한번 해 보겠다고 했습니다.

저는 먼저 아들에게 질문을 했지요. "네가 이 가게에서 아르바이트를 거의 1년을 했으면 전체 상황을 잘 알고 있을 터인데 괜찮겠니?"라고 하니 "예, 잘 알고 있어 문제없습니다."라고 대답했습니다.

그러면 인수를 위한 자금 계획 등을 세워서 다시 한번 의논해 보자고 했습니다. 그 뒤 세부 계획을 보았습니다. 필요한 기계나 기구 등 상당 부분은 현재 쓰고 있는 것을 중고 가격에 인수할 수 있어 크게 염려할 바가 아니었으나, 월세와 직원들의 임금과 재료비를 비롯한 월 지출 비용이 상상을 초월하는 큰 금액이었습니다. 덜컥 겁이 났지요. 하지만 아이가 1년여 지켜본 가게라 아이의 말을 전적으로 믿기로 하고 허락했습니다.

그런데 예기치 않은 메르스 바이러스 파동이 왔습니다. 매출이 평소의 3분의 1로 곤두박질치는데 당해 낼 재간이 없는 상황이었지요. 외국 유명 브랜드의 체인점이라 재료비가 장난이 아니었습니다. 그나마 다행인 것은 본사와 계약 체결 시 이 브랜드의 빵만 구워 파는 게 아니라 일반 제품도 팔 수 있다는 단서 조항을 두었던 것입니다. 그 덕에 재료비는 상당 부분 절감할 수 있었습니다. 그에 더해 일정 금액 이하의 매출이 계속될 경우, 매장의 월세를 일정 부분 감액한다는 계약 조건을 명시해 두었기에 손해를 어느 정도 더 줄일 수 있었습니다.

고생만 실컷 하고 이런저런 일을 겪은 얼마 뒤 가게를 인도했는데, 적지 않은 손실을 보았지요. 하지만 아들에게 "조금 손해를 보기는 했지만, 많은 경험을 얻었으니 이 또한 밑지는 장사는 아니란다. 그리고 계약을 꼼꼼하게 잘해서 손해를 덜 본 점은 정말 잘한 거야."라고 말해 주었지요.

또 한번은 아들이 아프리카 가나에서 냉동 망고를 한 컨테이너

수입해서 국내에서 판매해 보겠다고 했습니다. 어떻게 그런 생각을 하게 되었냐고 물었더니, 친구의 아버지가 냉동 망고 한 컨테이너를 수입했는데 아들에게 넘겨주겠다고 했답니다. 판매에 자신이 있느냐고 물었더니, 아들 녀석은 잘할 수 있겠다고 했습니다. 저는 판매에 실패할 경우를 생각해 보았지요. 최악의 경우, 일정 부분 손실을 본다고 할지라도 그리 큰 부담은 아닌 것 같았습니다.

그러면 한번 해 보라고 말했습니다. 냉동 망고가 든 컨테이너를 냉동 창고에 맡겨 두고, 주문을 받아 미리 준비해 둔 종이 박스에 망고를 담아 포장하여 택배로 배달하는 작업이었습니다. 판매 방식은 다양했지만, 주로 대형 마트 홈페이지에 입점하여 인터넷으로 주문을 받아 판매했습니다.

그런데 대형 마트에 입점하는 것 또한 쉬운 일은 아니었습니다. 어렵게 입점을 하고 나면 상품 홍보를 위한 영상을 찍어 탑재해야 하는데, 이 작업은 어디 쉬운가요? 넉넉지 않은 자금으로 시작하다 보니 본인이 직접 상품을 촬영하고 편집하여 홈페이지에 올려야 했습니다.

상품 영상은 전문가 수준으로 촬영하고 편집해야 했습니다. 정말 세상에 쉬운 일이 없었습니다. 이렇게 고생해서 판매를 했는데, 절반도 안 팔렸지요. 식구들이 나서서 지인들에게 일부 판매하기도 했지만 별 도움이 되지는 못했습니다. 그래서 아들에게 말했지요.

"아빠가 근무하는 학교 운동장에 망고를 풀어서 학생들과 동민들에게 무상으로 나누어 주자."

그냥 버리려고 해도 비용이 들고, 그냥 두자니 냉동 창고 보관 비용이 만만찮다는 생각에서였습니다. 그런데 며칠 뒤 아들은 원소유주에게 재고를 모두 넘겼다고 했습니다. 애초에 물건을 다 팔고 나면 물건값을 계산해 주고 남으면 인수하는 조건의 계약이라고 했습니다. 이 역시 손해를 조금 보았으나 이런저런 일을 하면서 많은 경험을 하고 배웠으니 이것은 이다음에 큰 재산이 될 거라고 말해 줬습니다.

이후 아들 녀석은 회사에 취직하여 다니다가 지방의 한 신문사 기자로 일했습니다. 그러다 몇 해 전, 서울의 어느 성장 가능성이 높은 중견 기업에 경력직 대리로 입사했고 지금은 능력을 크게 인정받고 홍보 기획 등의 업무를 맡는 차장으로 일하고 있습니다.

요즈음 아들의 말을 들어 보면, 본인이 직접 경험한 크고 작은 실패와 축적된 경험이 이제는 모두 자신의 탄탄한 실력이 되었다면서 뿌듯해하는 것 같습니다. 대형 마트 입점 방법, 제품 홍보물 제작 및 홈페이지 게시 방안은 물론이고 각종 부자재 주문 등 거래처 관리 및 원가 절감 방안 등 회사에서 일인 다역을 맡아 주어진 일을 수월하게 처리해 내며 능력을 종횡무진 발휘하며 인정받고 있다고 합니다.

그렇습니다. 아이를 믿지 못하고 실패할 때마다 매번 훈계와 꾸중으로 나무라기만 했다면, 작은 실패도 두려워하는 소심한 사람으로 살아갔을 것입니다.

작은 실패를 성공의 기회로 삼을 수 있도록 격려하고 아이의 자존감이 상하지 않도록 배려하며 차분히 다독이는 부모가 결국은 아이를 성공적으로 키울 수 있다고 생각합니다.

이렇게 하는 것이 결코 말처럼 쉬운 일은 아닐 것입니다. 따라서 단단히 마음을 먹어야 할 것입니다. 사랑하는 자식의 삶과 장래를 위한 일이기에 더욱 마음 단단히 먹고 실천하는 부모가 되어야 할 것입니다.

실패하는 자식을 바라보는 부모의 마음은 오죽할까요? 하지만 그 속마음을 감추고 자식이 자존감, 자신감을 잃지 않게 이성적 판단을 내리는 것이 중요합니다. 실패에 대해 원망과 질책을 하기보다는 용기를 잃지 않도록 격려하고 다독일 줄 아는 부모야말로 자식을 성공으로 이끄는 열쇠를 가진 부모가 아닐까 생각합니다.

그 시기에 꼭 해야 할 더 중요한 일이 있다

요즈음에는 골목에서 놀고 있는 아이들을 거의 볼 수 없습니다. 학교를 마치면 학교에서 하는 방과 후 학교 수업을 듣거나 학원을 가기 때문이지요. 그렇기에 어떤 아이들은 골목에서 놀려고 해도 친구가 없어 놀 수도 없다고 말합니다. 집마다 예전과 같이 아이들이 많지 않기도 하지만, 그나마 있는 아이들도 모두 과외 학원에 가기 때문이지요.

여러분의 아이들은 대략 몇 개의 학원 수강을 하고 있나요? 아이들이 직접 선택한 과목인가요? 아니면 부모님이 추천한 과목들을 듣고 있나요?

물론 아이들이 좋아서 선택하는 경우도 있을 것이고, 부모님이 꼭 필요하다고 추천하는 경우도 있을 것입니다. 다른 집 아이들이 학원 수강을 하니까 불안한 마음에 보내는 경우도 있다고 합니다. 충분히 이해가 되는 부분입니다.

그런데 문제는 초등학교 저학년, 심지어 초등학교 입학 전부터 공부를 잘해야만 계속해서 잘할 수 있을 거라는 생각을 가지고 이런 선택을 한다는 것입니다.

물론 어릴 때부터 잘하면 계속 잘할 수도 있을 것입니다. 하지만 어릴 때부터 잘하는 아이는 대개 그냥 두어도 스스로 잘하는 아이입니다. 그냥 두어도 잘할 수 있는 아이를 어릴 때부터 과외와 학원으로 내몰아 시험을 잘 보기 위한 공부를 하게 해야 할까요? 그 시기에 익히고 배워야 할 중요한 다른 일들이 있는데 말입니다.

어떤 일이 중요할까요? 친구들과 즐겁게 놀면서 행복감 느끼기, 부모님과 더 많은 시간 보내기, 친척들과 교류하기, 자연의 아름다움을 몸으로 느끼기, 여러 가지 체험하기, 어른들께 예의 배우기, 수영이나 축구 등 운동하기, 피아노·바이올린 연주 등 예술 체험 활동으로 예술적 감각 익히기 등…. 이런 활동을 하면서 장차의 인생을 여유롭고 행복하게 즐기는 연습을 하는 것이 좋지 않을까요?

이때는 신체적으로 발육이 왕성한 시기니까 신체를 튼튼히 하는 것도 매우 중요한 일이지요. 그리고는 장차 인생에서 여유를 즐기고 즐거움을 표현할 수 있는 예술적 기능이나 감각을 익히는 것 또한 매우 중요합니다. 바둑이나 체스 등은 놀이이면서 동시에 두뇌 회전이나 논리적 사고를 하는 데 많은 도움을 주는 활동입니다.

사실 학원에서 선행 학습으로 성적이 오르는 것이 그리 큰 의미가 있을까요? 선행 학습을 해서 성적이 오를 아이라면 그때 가서 공부해도 충분히 성적이 오를 아이인 거죠. 중학교에 가서 필요하면 그때 해도 늦지 않을 것입니다. 지금 되는 아이는 그때 가서 해도 된다는 말씀입니다.

불안해서 도저히 그렇게 할 수 없다는 부모님들의 말씀을 이해하지 못하는 것은 아닙니다. 하지만 기회비용을 한번 따져 봅시다. 나중에 집중해서 해도 될 공부를 어려서부터 하게 되면 손해 보는 일은 무엇일까요? 필요 없는 과외비 낭비, 시간 낭비, 즐겁고 재미있게 놀아야 할 시간을 빼앗긴 것, 유익한 독서 시간을 갖지 못한 것, 가족과 함께 즐거운 시간을 갖지 못한 것, 친척들과의 교류를 통해 우의를 다지지 못한 것, 자연과 더불어 보낼 수 있는 행복한 시간을 빼앗긴 것 등….

물론 필요에 따라서는 외국어 등 일찍부터 준비해야 하는 과목도 있겠지요. 하지만 시험 준비를 위한 공부나 암기를 위한 공부에 일찍부터 뛰어들어 더 중요한 일을 할 수 있는 기회와 시간을 놓쳐 버리는 일은 없어야 할 것입니다.

인생 3 불행

'헬리콥터 부모'라는 말이 있습니다. 아이의 주변에서 아이의 모든 일에 관여하며 조종하는 부모를 일컫는 말입니다.

경험상 아이가 하나일 경우에는 정말 아이의 일거수일투족이 신경 쓰이고, 사소한 일에도 깜짝깜짝 놀랍니다. 하지만 대개 둘째가 태어나면 조금은 느긋해지는 경향이 있지요. 이제 웬만해서는 크게 놀라지도 않고 첫째의 경우보다는 예민해지는 농도가 조금 옅어지는 것을 느낄 수 있습니다.

아이가 자라는 데 부모의 따뜻하고 열성적인 조력이 절대적인 것은 분명한 사실입니다. 하지만 어느 정도까지 조력해야 하는지를 단정하기는 쉽지 않을 것입니다. 일반적으로 아이의 자율적 행동 습관이 형성될 때까지는 도움을 주는 것이 좋지 않을까 하는 생각입니다.

모든 것을 부모가 다 해 주는 것이 아니라 아이의 의견을 반영하여 "이렇게 하면 어떻겠니?", "이렇게 하려는데 너의 생각은 어떠니?" 등 아이의 의견을 충분히 들은 후 스스로 실행할 수 있도록 옆에서 도와주는 정도면 어떨까 합니다. 그래야만 아이가 자신의 일을 스스로 해냈다는 자부심과 성취감을 맛볼 수 있을 것입니다.

뭐든 부모가 결정해서 도와주고, 부모가 시키는 대로 하는 아이는 평생을 부모가 헬리콥터처럼 아이의 머리 위에서 도와주고 지시해야만 하는 미숙한 아이가 될 것입니다.

중요한 것은 귀한 자식이라 생각하고 부모가 끝없이 도와주기만 한다면 그것은 자식을 도와주는 것이 아니라 앞길을 망치는 길이라는 사실입니다. 스스로 생각하고 결정한 일을 실행해 보지 못한 아이는 그에 따른 성취감도 충분히 맛보지 못할 뿐 아니라, 성인이 되어서도 여전히 부모나 타인의 도움 없이는 아무 일도 할 수 없는 부족하고 줏대 없는 사람이 될 수밖에 없지 않을까요?

귀한 자식일수록 고생도 시켜 보고 더 많은 경험과 체험을 하게 하여 스스로 일을 처리할 수 있는 능력을 키워 주어야 하는 것 아닐까요? 마르크스는 "인간은 걷기 위해서 넘어지는 법을 알아간다. 또한 넘어져 본 사람만이 걸을 수 있다."라고 했습니다. 넘어지더라도 혼자 걸을 수 있도록 도와야 하겠지요.

중국 송나라 때 정이라는 사람은 '인생삼불행(人生三不幸)'으로 소년등과(少年登科), 석부형제지세(席父兄弟之勢), 유고재능문장(有高才能文章)이라 하여 경계하고 가슴에 새기게 하였습니다.

일찍 과거에 등과 출세하면 바른 사람이 될 기회가 없어 거만하고 하늘 높은 줄 모른다고 하여 첫 번째로 경계할 것을 말하였고, 부모나 형제의 권세를 업고 행세를 하려는 사람이 두 번째 경계 대상이라 하였으며, 재능과 문장이 높은 사람은 내공이 깊지 않아 시기 질투하는 사람으로부터 위해를 당할 것이기에 경계 대상이라 한 겁니다.

귀한 자식일수록 더욱 단련시켜 혼자서도 닥쳐오는 어려움을 잘 극복할 수 있는 아이로 성장할 수 있도록 해야 할 것입니다.

생각지도 못한 아이의 반응도 있다

대학을 다닐 때의 일입니다.

심리학을 강의하시는 교수님께서 수업 중에 본인의 아들 이야기를 하셨습니다. 아들은 초등학교 1학년이었지요. 어느 날 오후, 아이의 담임 선생님으로부터 교수님께 전화가 왔습니다.

"선생님, 어쩐 일로 전화를 주셨습니까?"

"교수님, 철수가 집에 가지 않겠다고 울고 있습니다."

"학교에서 무슨 일이 있었습니까?"

"특별한 일은 없었고, 오늘 시험을 쳤는데 철수가 90점을 받았어요. 아마 100점을 받지 못해서 그런 모양입니다. 교수님께서 100점을 받지 못하면 야단을 많이 치시나 보죠?"

"절대 그런 일 없습니다. 단지, 100점 받았을 때마다 저의 무릎 위에 앉혀서 엉덩이를 두드리며 잘했다고 칭찬한 일밖에 없는데…"

정말 뜻밖이지요.

심리학을 강의하시는 교수님이라 하여도 아이의 반응이 이렇게 되리라고는 예상하지 못했을 것입니다. 시험 성적을 받아 올 때마다 이런저런 말을 하기보다는 100점일 때만 엉덩이를 두드려 주어야겠다는 아주 단순한 생각으로 그렇게 했을 수도 있을 겁니다. 그런데 아이는 전혀 예상하지 못한 반응을 보였지요.

아이들은 이렇게도 반응을 한답니다.

새벽 2시에 전화한 제자

몇 년 전의 일입니다.
한밤중에 전화가 울렸습니다.

'이 밤에 무슨 일이지? 혹시 고향의 부모님에게 무슨 일이 있나?'

아내도 새벽에 온 전화에 놀라 걱정스럽게 빨리 받으라고 다그쳤습니다. 전화를 급히 받느라 눈을 찡그리며 전화기를 여니 화면에 '제자 영수'라고 떴습니다.

"영수야, 밤늦게 무슨 일 있니?"
"아닙니다. 그냥 선생님 목소리 듣고 싶어서요. 오늘 초등학교 때 친구들 만나서 술 한잔하고 있습니다."
"그래? 지금이 몇 시지?"

옆에 같이 있던 영수의 친구들이 합창을 했습니다.

"새벽 2시가 넘었습니다."
"그렇구나. 시간이 많이 됐는데 이제 그만 마시고 다들 집에 들어가거라."

그러자 같이 있던 제자들이 서로 전화를 바꾸어 달라며 한마디씩 합니다.

"선생님, 철수입니다. 늦은 시간에 전화드려서 죄송합니다."
"그래, 반갑구나. 너무 늦었다. 빨리 집에 들어가거라. 다시 영수 바꾸어 봐라. 영수야, 친구들 모두 집에 보내거라. 너무 늦었다."
"선생님, 죄송합니다."
"아니다, 이게 얼마나 좋으냐? 너는 새벽 2시에 전화할 수 있는 선생님이 있어서 정말 좋겠다. 나는 아직 그런 선생님이 없단다. 오히려 내가 고맙지. 새벽에 잠을 좀 설치기는 해도 기분은 참 좋네."

영수는 초임 교사 시절에 첫 담임을 맡은 반의 반장이었던 제자입니다. 교사 발령 첫해에 5학년 담임을 맡았는데, 이후 자주 연락을 해 온 아이입니다.

한번씩 자기네들끼리 모임을 할라치면 저를 초대해서 같이 음식을 먹기도 했지요. 지금은 제자들의 나이가 쉰을 넘은지라 같이 늙어 간다는 표현이 오히려 어울리는 말인 것 같습니다. 요즘은 그 당시 우리 반이 아닌 아이들도 같이 모여서 간혹 자리를 갖고 동기회를 하는가 봅니다.

한번은 어느 식사 자리에서 그 제자들에게 물었습니다.

"너희들이 아직도 나를 찾고 생각하는 이유가 뭐니?"
"선생님은 공평하셨잖아요."
"선생님은 우리 집에도 가정 방문을 해 주셨잖아요."

이렇게 대답을 합니다.

"그랬구나."

아이들은 애틋한 목소리로 이야기합니다. 어찌 생각하면 정말 별것 아닌 가정 방문이나 공평하게 발표 기회를 준 것에 감동한 것입니다. 너무나도 가난했던 자신의 집을 가정 방문해 주었던 선생님이 눈물겹도록 고마웠던 겁니다. 그리고 아이들이 느끼기에 차별하지 않고 골고루 사랑해 준다는 생각이 들었던 모양입니다. 그건 당연한 일이었는데 말이죠.

이제 쉰이 넘은 제자들의 늙어 가는 모습에 애틋함이 느껴집니다. 그들도 저를 보며 '우리 선생님도 이제 많이 늙으셨구나.'라며 지나간 세월의 무심함을 느끼겠지요. 내년에도 다들 건강하게 또 볼 수 있었으면 좋겠습니다.

칭찬에는 노소가 따로 없다

운동장 저쪽에서 뛰다시피 헐레벌떡 다가오는 아이들의 무리
가 있다.

"교장 선생님, 안녕하세요!"

밝은 얼굴로 반갑게 인사를 합니다. 그중 한 녀석이 저를 보며
말했습니다.

"교장 선생님, 그런데 다음 주 방송 조회 때는 무슨 말씀 하실
거예요?"
"글쎄, 무슨 말을 할까?"
"보나 마나 또 우리들 칭찬하실 거잖아요."
"그래, 맞아! 또 칭찬할 일이 있겠지?"

이렇듯 아이들은 조회 시간을 기다립니다. 그리고 평소 아이들이 저를 보면 멀리서도 뛰어와서 인사를 하고 싶어 하는 것을 느낄 때가 있습니다. 제가 어릴 때를 생각하면 잘 이해가 되지 않는 부분이기도 합니다.

제 기억으로는 교장 선생님의 훈화 말씀 시간이 가장 지루하고 힘든 시간이었습니다. 아이들은 어느 장소에 쓰레기가 많이 떨어져 있고, 어디에서 질서가 잘 안 지켜진다는 핀잔과 함께 "에… 첫째, 에… 둘째"로 이어지는 교장 선생님의 말씀이 끝나기만을 기다렸습니다. 그러다 일부 학생들은 빈혈로 운동장에서 쓰러지기도 했던 기억이 떠오릅니다.

그런데 제가 근무하는 학교 학생들은 대체로 전교 학생 조회 시간을 싫어하기보다는 은근히 기다리는 것 같습니다. 정말 이상하지 않은가요?

여기에는 분명한 이유가 있다고 생각합니다. 저는 장학사, 장학관, 교육연구관 등 교육청 업무를 다년간 맡기도 했지만 학교에서 교감과 교장직을 15년여 맡아 오면서 전교 학생 조회의 훈화 시간을 거의 매주 해 왔습니다.

저는 이때마다 아무런 자료 준비 없이 운동장과 교실을 횅하니 한 바퀴 돌고는 간단히 한두 단어를 메모하고 곧장 조회에 임합니다.

메모지에는 '운동장 깨끗', '아이들 얼굴 밝음' 등이 적혀 있지요. 오늘은 이 두 가지로 칭찬을 하기로 하는 겁니다.

"우리 학교 어린이 여러분, 지난 주말 동안 잘 지냈나요? 오늘 아침 교장 선생님이 학교를 한 바퀴 쭉 둘러봤습니다. 학교가 정말 깨끗했어요. 아마 여러분이 평소에 휴지를 아무렇게나 버리지 않고 청소를 잘해서 그런 것 같아요. 특히나 이번 주 봉사 활동을 담당하는 학반의 선생님과 학생들의 노력이 큰 것 같아요. 수고 많았습니다. 칭찬합니다. 그리고 교실도 한 바퀴 둘러봤는데, 여러분이 밝은 얼굴로 교실에 있는 모습을 보니 교장 선생님의 마음도 흐뭇했답니다. 이번 주에도 학교생활 재미있게 하기 바랍니다. 이상."

이렇게 끝을 맺으니 아이들도 선생님들도 기분이 아주 좋은 것 같았지요. 사실 운동장이나 건물 구석에는 바람에 날려 다니는 쓰레기가 있기 마련이지요. 그리고 반마다 친구들끼리 이야기하고 장난치는 아이들도 더러 있습니다.

하지만 이런 것들은 크게 부각하지 않으려는 거지요. 만약 이런 점을 부각하면서 조회 시간에 "오늘 아침에 학교를 한 바퀴 둘러봤는데, 구석구석에 휴지나 쓰레기가 쌓여 있었습니다. 앞으로 청소에 좀 더 신경을 써야겠고, 봉사 활동을 하는 반에서도 더욱 꼼꼼하게 청소해야 하겠습니다. 그리고 아침 시간에 교실이 소란스럽습니다. 좀 더 조용히 공부해야겠습니다."라는 내용으로 방송을 했다면 어떻게 반응했을까요?

하나 마나 한 방송, 듣고 싶지 않은 방송이라 아무도 귀를 기울

이려 하지 않았겠지요. 아마 듣기에 매우 부담스러운 방송이 되지 않았을까 생각합니다.

같은 것을 말하더라도 좋을 것을 생각하며 말하는 것이 듣기에도 좋습니다. 또한, 칭찬의 말을 들으면 도리어 내가 부족하지는 않을까 한 번 더 돌아보며 반성도 하게 됩니다.

이처럼 나쁜 부분을 콕 집어서 지적하며 훈계하는 것보다 역으로 칭찬을 하면 듣는 입장에서는 훨씬 더 좋은 마음으로 받아들이고 분발하게 됩니다.

그렇습니다. 학교장이 아이들과 선생님들을 칭찬해 주는 말을 하니 그저 고맙고 기분 좋았던 겁니다. 조금 부족한 부분을 확대하고 부각시켜 말했다면, 아무도 귀 기울여 들으려 하지 않았을 것입니다. 그런데 신기한 것은 10년이 넘게 매주 그런 방식으로 훈화를 해 왔는데, 한 번도 오늘은 무슨 말을 해야 할 것인가 고민해 본 적이 없다는 겁니다.

그 오랜 세월 동안 항상 칭찬 거리가 샘솟듯 있었다는 거죠. 자연스레 칭찬 거리를 찾아낼 수 있었다는 게 정말 신기한 일입니다.

돌이켜 생각해 보면 아이들의 표정부터 활동 모습, 교실에서 공부하는 모습, 신발장에 신발을 정리해 놓은 모습, 복도를 걸어가는 모습, 밝은 목소리로 이야기하는 모습, 주민들이나 학교를 방문하는 분들의 말씀, 교내·외 청결 상태 등 여러 가지에서 힌트를 얻어 칭찬의 소재로 썼습니다. 그렇다 보니 칭찬의 소재가 끊이지 않았던 것입니다. 이렇게 조회 때마다 무슨 이야기든 하면서 아이들과 선생님들을 칭찬하니 좋아할 수밖에 없지 않았나 생각합니다.

어떤 경우에는 신발장에 신발이 많이 어질러져 있는 반을 특별히 골라 의도적으로 칭찬해 보았습니다. 그런데 이상한 일이 벌어졌습니다. 몇 시간이 지난 후, 그 반 앞 복도에 가 보면 거짓말처럼 신발이 잘 정돈되어 있는 것을 볼 수 있었지요. 그 반 아이들이나 선생님이 '어, 정말인가?'라고 생각하고 확인하러 가서 사실이 아니라는 것을 알아차리고는 잽싸게 정리해 놓은 거죠. 이처럼 칭찬하려 들면 보이고 느끼는 것 모두가 좋아 보이는 겁니다.

긴 세월 동안 아이들을 칭찬하는 데에 길들다 보니 저도 항상 좋은 생각만 하게 되어 좋았고, 칭찬을 듣는 아이들과 선생님들도 기분이 좋아지니 '일거양득'이 아니라 '일거삼득'이었던 것 같습니다.

그리고 저는 전교 학생 조회의 훈화 시간에 한 번도 원고를 작성해서 읽은 적이 없습니다. 그것은 문어체의 말이 아니라 구어체로, 살아 있는 말을 전하기 위해서였습니다. 말하고 싶은 중요한 단어 몇 개만을 가지고 원고 없이 일상적인 대화처럼 말을 이어 나가면 현장감도 있고 활기차게 메시지를 전할 수 있어서 좋았던 거지요. 그래야만 듣는 사람들도 재미있게 들을 수 있어 좋지 않을까 생각했습니다.

아이들이나 선생님들 할 것 없이 칭찬 듣는 것을 좋아하고, 칭찬에 목말라합니다. 사람이 하는 일이라는 것이 일마다 어떻게 완벽할 수 있을까요?

가정에서도 이런 사례를 응용하여 자녀들의 좋은 점을 찾아 여러 가지의 방법으로 격려하고 칭찬하는 분위기를 만들어 가길 바랍니다. 그렇게 하면 부모와 자식 간의 간격은 훨씬 더 좁혀질 것이고, 더욱 화목한 가정도 만들어질 것입니다.

조금 부족한 부분은 뒤로 두고 자식들이 잘하는 부분, 좋은 부분만을 보면서 칭찬하고 격려하면 모두가 행복 생활을 할 수 있을 것입니다.

고교 석차 400등에서 차석 졸업한 아들의 비밀

　80년대 중반, 직장을 다니면서 대학원에 등록하여 석사 과정을 공부할 때의 이야기입니다.

　석사 과정에서 같이 공부하던 사람 중에는 중견 기업의 회장님도 계셨고, 고위급 공무원이나 공인 회계사, 공인 노무사, 군부대 부대장, 국책연구소 연구원, 대기업 사원 등 여러 분야의 다양한 분이 있었습니다.

　퇴근 후 야간에 수업을 듣고 어쩌다 시간이 날 때면 간간이 회식도 했지요. 어느 날 회식 자리에서 같이 수업을 듣는 한 분이 고등학교에 다니는 아들 이야기를 꺼냈습니다. 이분의 아내는 초등학교 교사로, 부부가 맞벌이를 한다고 했습니다.

　너무 오래된 기억이라 정확한 숫자는 기억나지 않지만, 아들은 당시 고등학교 1학년이었고, 시험 성적이 1학년 600명 중에서 400등 정도라며 대학 입시나 장래 문제로 고민이 된다고 이야기했습니다. 그러자 그 자리에서 해결 방안이 여러 가지로 많이 제시되었습니다. 그중에 먼저 담임 선생님을 만나 뵙고 의논해 보는 것이 좋겠다는 의견이 다수였습니다. 같이 있던 사람들 모두가 좋은 생각이라 말했지요.

그래서 이분은 다음 날 곧바로 학교에 연락하여 사전 면담 신청을 하고는 아들의 담임 선생님께 좋은 방안이 없겠는지 간곡한 어조로 의견을 물었다고 합니다. 이처럼 간곡한 부탁을 하자 담임 선생님께서 이런 제안을 하셨다고 합니다.

"정 그러시다면 저에게 한 달간 말미를 주시면 그동안 아이를 세밀하게 지켜보고 난 뒤 다시 이야기하겠습니다."

"선생님 정말 감사합니다. 한 달 뒤 다시 뵙겠습니다."

이렇게 하여 담임 선생님의 도움이 시작되었습니다. 한 달 뒤 아이의 아빠는 조바심을 내면서 선생님의 말씀을 듣기 위해 다시 학교로 가서 담임 선생님을 면담했습니다.

담임 선생님께서는 잠시 뜸을 들인 후, "이 아이는 열심히 공부하면 될 아이입니다. 가능성이 있습니다. 잘되도록 같이 노력해 봅시다."라고 했습니다.

이후 이 아이는 여러 선생님의 관심을 받게 되었고, 그 관심에 보답이라도 하듯 더욱 열심히 공부하게 되었다고 합니다. 그러자 아이의 성적은 하루가 다르게 향상되었고 그에 따라 높아진 자신감을 바탕으로 공부에 더욱 매진하게 되었다고 합니다.

2학년에 진급해서는 학년 석차가 100등 이내로 상승하는 기적 같은 일이 일어났습니다. 그리고 3학년에 진급하고 난 후에도 담임 선생님을 만나 뵙고 그간의 사정을 말씀드리고 조언을 구했다고 합니다. 그 조언에 따라 열심히 공부하여 졸업할 때는 600명 중 2등으로 차석 졸업했으며, 서울의 유명 S 대학에 합격했다는 전설 같은 이야기입니다.

초등학생도 아니고 특히나 고등학생에게 과연 이것이 가능한 것인가 하는 생각을 했습니다만, 결국에는 지향하는 바 목표를 성공적으로 이루어 냈지요.

얼마든지 가능한 일이라고 봅니다. 단지 정확하고 세밀한 전문가의 사전 진단이 전제되어야 하겠지요. 진단이 정확하다면 치료나 교정은 그리 어렵지 않다고 봅니다. 우리 몸의 병도 마찬가지라 생각됩니다. 여러 가지 방법으로 정확한 진단만 된다면 웬만한 병은 치료가 가능한 것과 같은 이치이지요.

이 이야기에서 결과를 성공적으로 맺을 수 있었던 것은 첫째 아이 아빠의 선택이 참으로 좋았기 때문입니다. 학습 지도 전문가인 담임 선생님과 의논을 한 부분 말입니다.

또 다른 성공 요인은 담임 선생님의 아이에 대한 전문가적인 세밀한 분석이 아닌가 합니다. 아이에 대한 총체적 진단을 전문가적 감각으로 정확히 파악하여 가능성을 가늠한 것이지요. 여기서 가능성을 가늠한다는 것은 매우 복잡하고 전문적인 부분이라 할 수 있습니다. 가능성을 분석하는 요인으로는 아이의 유전적

지능, 체력, 성향, 집중력, 지속성, 학습 의지, 부모의 지속적 관심 여부, 아이의 현 상황 등 여러 가지가 있을 것입니다. 이러한 요인들을 종합하여 판단의 자료로 활용한 것이지요.

정말 기적 같은 일이 일어난 것입니다. 제가 보기에 이분의 아들은 기본적으로 여러 가지 면에서 상당한 가능성을 가지고 있었으나 지금까지 그 가능성을 현실적으로 실행할 수 있는 동기를 부여받지 못했던 것이 아니었던가 하는 생각입니다. 사태의 심각성을 느낀 부모, 특히 아빠와 선생님의 특별한 처방이 아이에게 숨겨져 있던 보석 같은 재능들을 한꺼번에 쏟아 낼 수 있는 동기를 유발하고 촉매 역할을 한 것이라 볼 수 있지요.

여태껏 사회생활이나 직장에서 높은 직위까지 오르기 위해 언제나 일에 바빴던 아빠, 맞벌이를 위해 자녀 교육에 상대적으로 소홀했을 엄마는 사춘기라는 중요한 시기에 아이를 충분히 보살피고 보듬어 주지 못한 것입니다. 이처럼 부모의 상대적 소홀함과 소통의 부재 속에서 아이가 방황하며 중심을 잡지 못한 것은 아니었나 하는 생각을 합니다.

사춘기를 방황하며 힘들게 보냈을 아들과 좀 더 자주 긴밀한 의사소통의 시간을 가졌더라면 방황의 기간을 훨씬 더 단축할 수도 있었을 거라는 생각도 합니다. 물론 그런 동시에 한창 예민한 시기에 세상의 무거운 짐을 모두 혼자서 져야 한다는 막막함과 외로움을 견뎌야 했던 아이에게 늦었지만 많은 관심을 가져준 부모가 있었기에 가능한 일이기도 했다고 봅니다.

이러한 일은 어쩌면 기적이 아닐 수도 있다는 생각을 합니다.
그 가능성은 누구에게나 열려 있으니까요.